U0203153

机械制造技术综合实验教程

第2版

JIXIE ZHIZAO JISHU ZONGHE SHIYAN JIAOCHENG

组织编写　江苏大学工业中心

编　著　宋昌才　袁晓明

　　　　沈春根　刘东雷

　　　　黄　舒　李　品

江苏大学出版社
JIANGSU UNIVERSITY PRESS

镇江

图书在版编目(CIP)数据

机械制造技术综合实验教程 / 宋昌才等编著. — 2
版. — 镇江：江苏大学出版社，2018.1(2020.1重印)
ISBN 978-7-5684-0690-1

Ⅰ. ①机… Ⅱ. ①宋… Ⅲ. ①机械制造工艺—实验—
高等学校—教材 Ⅳ. ①TH16-33

中国版本图书馆 CIP 数据核字(2017)第 306466 号

机械制造技术综合实验教程

编　著/宋昌才　袁晓明　沈春根　刘东雷　黄　舒　李　品
责任编辑/郑晨晖
出版发行/江苏大学出版社
地　　址/江苏省镇江市梦溪园巷 30 号(邮编：212003)
电　　话/0511-84446464(传真)
网　　址/http://press.ujs.edu.cn
印　　刷/虎彩印艺股份有限公司
开　　本/787 mm×1 092 mm　1/16
印　　张/13.75
字　　数/334 千字
版　　次/2018 年 1 月第 2 版　2020 年 1 月第 3 次印刷
书　　号/ISBN 978-7-5684-0690-1
定　　价/40.00 元

如有印装质量问题请与本社营销部联系(电话:0511-84440882)

第2版前言

为了适应专业实验课教学改革的需求,培养学生的实践动手能力,加大实践教学环节,培养高技能应用型人才,依据机械类专业课实践教学大纲要求,编者系统地整合了机械类主干专业课的实验项目,更新编写了本书。

本书内容紧密联系理论教学、工程训练和课程设计等教学环节,不断优化实验内容,增加综合性、创新性实验数量,使工程类专业的学生在做专业课实验时,即可预习、查阅多门课程的实验内容。

第2版去掉了第1版中的机电控制与单片机控制类实验模块,即去除机电传动控制课程的5个实验、单片机应用系统设计课程的5个实验,把内容调整为4个模块、14门课程、35个实验项目,增加了机床几何精度测量、轴承状态监测与故障分析、自动编程与数控操作实验、注塑模具结构拆装实验、金属板料的激光冲击成型实验、机电产品数字化设计制造等,重新修订了部分实验内容。

本书可作为为高等学校机械专业及相关专业的实验教材。

全书由江苏大学机械工程学院宋昌才、袁晓明、沈春根、刘东雷、黄舒、李品编著。书中涉及的内容较为广泛,如有不足之处,敬请不吝指正。

编著者
2018 年 1 月

第 1 版前言

实验教学是本科教学的组成部分,实验成绩按一定比例计入课程考评总成绩,这反映出学生的实验能力越来越受重视。

在机械工程学科教学改革中,教学体系改革中实践性教学环节的改进与提高,尤其是实验教学内容与方法的改进与提高,是一项非常重要的内容。课程实验贯穿于教学的全过程,对学生建立科学的实验思路、认识先进的实验系统、掌握科学的实验方法和技能等方面,具有不可替代的作用。在课程实验改革中,很重要的一点是创新,即开发一批具有高新技术水平的、采用计算机处理的、高度信息化的,同时又能揭示课程内容所阐述的基本原理的现代化教学实验。这样的实验课程可以放手让学生自己去实践,改变了传统的只看不做的方式,提高了学生的实践能力。

本书共涵盖 14 门课程 43 个实验,分 5 个模块编写,分别是:模块 A 机械制造技术类实验,包括机械制造技术基础、机械制造装备设计、机械制造自动化、机械故障诊断技术;模块 B 机电控制与单片机控制类实验,包括机电传动控制、单片机应用系统设计;模块 C 数控类实验,包括数控原理及编程技术、数控原理与系统、数控机床伺服及检测技术;模块 D 模具成型与特种加工技术类实验,包括塑料成型设备、冲压工艺及模具设计、精密与特种加工;模块 E 产品开发类实验,包括机械制造综合实验、模具设计与制造综合实验。

本书供机械制造、机械设计、机电工程、模具工程、农机工程、车辆工程、流体机械、能源动力工程等机械类、近机械类专业本科生使用。

本书由江苏大学机械工程学院宋昌才、袁晓明、沈春根、刘东雷、黄舒、李品编著。由于时间紧迫,书中难免有疏漏或不足之处,敬请读者指正。

编著者
2015 年 8 月

目 录

模块 C　模具成型与特种加工技术类实验

模块 D　综合类实验

模块 A

机械制造技术类实验

课程一　机械制造技术基础

❋　实验一　刀具几何角度测量　❋

一、实验目的

(1) 了解车刀量角台的构造与工作原理。

(2) 掌握车刀几何角度测量的基本方法。

(3) 加深对车刀各几何角度、各参考平面及其相互关系的理解。

二、实验仪器及刀具

(1) 仪器:回转工作台式量角台。

(2) 刀具:外圆车刀、切断刀。

(3) 工具:直尺、角尺、游标卡尺等。

三、回转工作台式量角台的构造

回转工作台式量角台(见图 1.1-1),主要由底盘、平台、立柱、测量片、扇形盘等组成。底盘为圆盘形,在零度线的左、右方向分别标有 100°的刻度值,用于测量车刀的主偏角和副偏角,通过底盘指针读出角度值。平台可绕底盘中心在 $-100°\sim100°$ 范围内转动。

图 1.1-1　量角台

定位块可在平台上平行滑动,作为车刀的基准;测量片结构如图 1.1-2 所示,由主平面(大平面)、底平面、侧平面 3 个成正交的平面组成,在测量过程中,根据不同的情况可分别用以代表剖面、基面、切削平面等。大扇形刻度盘上有正负 45° 的刻度,用于测量前角、后角、刃倾角,通过测量片的指针指出角度值;立柱上制有螺纹,旋转升降螺母就可以调整测量片相对车刀的位置。

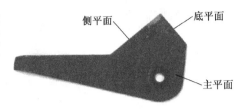

图 1.1-2 测量片结构

四、实验内容

(1) 利用车刀量角台分别测量直头外圆车刀的 k_r、k_r'、λ_s、γ_0、α_0、α_0' 等共 6 个基本角度。

(2) 记录所测量的数据,并计算出刀尖角 ε_r、楔角 β_0 和法前角 γ_n 等 3 个角度。

五、实验方法

(1) 根据车刀辅助平面及几何参数的定义,首先确定辅助平面的位置,再根据几何角度的定义测出几何角度。

(2) 通过测量片的测量面与车刀刀刃、刀面的贴合(重合)使指针指出所测的各几何角度。

六、实验步骤

1. 测量前的调整

调整量角台使平台、大扇形刻度盘和小扇形刻度盘指针全部指零,使定位块侧面与测量片的大平面垂直,则

(1) 主平面垂直于平台平面,且垂直于平台对称线。

(2) 底平面平行于平台平面。

(3) 侧平面垂直于平台平面,且平行于平台对称线。

2. 测量前的准备

把车刀侧面紧靠在定位块的侧面上,使车刀能和定位块一起在平台平面上平行移动,并且可使车刀在定位块的侧面上滑动,这样就形成了一个平面坐标,可以使车刀置于一个比较理想的位置。

3. 测量车刀的主(副)偏角

根据定义测量主(副)刀刃在基面的投影与走刀方向的夹角。

确定走刀方向:由于规定走刀方向与刀具轴线垂直,在量角台上即垂直于零度线,故可以把主平面上平行于平台平面的直线作为走刀方向,其与主(副)刀刃在基面的投影有一夹角,即为主(副)偏角。

测量方法:顺(逆)时针旋转平台,使主刀刃与主平面贴合。如图 1.1-3 所示,即主(副)刀刃在基面的投影与走刀方向重合,平台在底盘上所旋转的角度,即底盘指针在底盘刻度盘上所指的刻度值为主(副)偏角 k_r(k_r')的角度值。

图 1.1-3　测量车刀的主偏角

4. 测量车刀主剖面内的前角 γ_0 和后角 α_0

(1) 定义：主前角是指在主剖面内，前刀面与基面的夹角。主后角是指在主剖面内后刀面与主切削平面的夹角。

(2) 确定主剖面：主剖面是过主刀刃一点、垂直于主刀刃在基面的投影。

(3) 在测量主偏角（见图 1.1-3）时，主平面可看作主剖面。当测量片指针指零时，底平面作为基面，侧平面作为主切削平面，这样就形成了在主剖面内，基面与前刀面的夹角，即前角（γ_0）；主切削平面与后刀面的夹角，即后角（α_0）。

(4) 测量方法：使底平面旋转与前刀面重合，如图 1.1-4 所示，测量片指针所指刻度值为前角；使侧平面（即主切削平面）旋转与后刀面重合，如图 1.1-5 所示，测量片指针所指刻度值为后角。

图 1.1-4　测量车刀前角

图 1.1-5　测量车刀后角

5. 测量车刀刃倾角（λ_s）

(1) 根据定义测量主刀刃与基面的夹角。

(2) 确定主切削平面：主切削平面是过主刀刃与主加工表面相切的平面，在测量车刀的主偏角时，主刀刃与主平面重合，就使主平面可以近似地看作主切削平面（只有当 $\lambda_s = 0°$ 时，与主加工表面相切的平面才包含主刀刃），当测量片指针指零时底平面可作为基面。这样就形成了在主切削平面内，基面与主刀刃的夹角，即刃倾角。

（3）测量方法：测量完主偏角前角、后角后，逆时针旋转平台 90°，此时测量片主平面即主切前平面，旋转测量片，即旋转底平面（基面）使其与主刀刃重合。如图 1.1-6 所示，测量片指针所指刻度值即为刃倾角。

图 1.1-6　测量车刀刃倾角

6．副后角的测量

副后角的测量方法与主后角的测量方法相近，所不同的是需把主平面作为副剖面。

七、记录数据并完成实验报告

（1）将测得的角度值记录在表 1.1-1 中并计算出楔角 β_0 和刀尖角 ε_r，以及其他角度的值，并进行比较、分析其误差原因，写在实验报告中。

表 1.1-1　车刀几何角度测量结果记录

基本角度	$\lambda_s>0°$直头外圆车刀	$\lambda_s<0°$直头外圆车刀	备注
主偏角 k_r			
刃倾角 λ_s			
前　角 γ_0			
后　角 α_0			
副偏角 κ_r'			
副后角 α_0'			
楔　角 β_0			
刀尖角 ε_r			

注：$\beta_0=90°-\gamma_0-\alpha_0$，$\varepsilon_r=180°-k_\gamma-k_\gamma'$，$\tan\gamma_n=\tan\gamma_0\cos\lambda_s$，$\tan\gamma_0'=\tan\gamma_0\cos(k_\gamma+k_\gamma')+\lambda_s\sin(k_\gamma+k_\gamma')$。

（2）绘制刀角几何角度标注图。

实验二 切削力测量和分析

一、实验目的

（1）了解三向压电式石英晶体传感器的工作原理和应用场合。

（2）掌握三向动态车削力实时采集和处理的基本原理和方法。

（3）掌握数据处理的方法，能在给定切削用量的条件下推导出计算切削力的经验公式。

二、实验设备和仪器

（1）数控车床。

（2）三向动态切削力测量系统。

本实验测量系统的结构如图 1.2-1 所示，其中，测力板安装在机床特制的刀架座上，车刀车削加工工件后，测力板 Kistler 9257B 产生的电荷量通过分线器并经过 3 根电缆进入 PC 内的信号调理准静态电荷模块，通过处理后并进一步通过 DEWE800 数据采集分析系统的处理，最后三向切削力显示在 PC 的屏幕上。

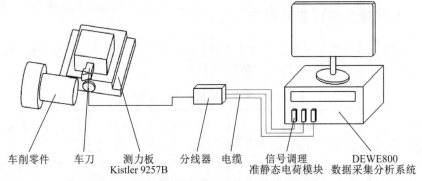

车削零件　　车刀　　测力板　　分线器　电缆　　信号调理　　　　DEWE800
　　　　　　　　　Kistler 9257B　　　　　　准静态电荷模块　数据采集分析系统

图 1.2-1　三向动态切削力测量系统结构示意图

（3）硬质合金外圆车刀，加工件材料为铝合金，工件直径为 30 mm。

三、实验原理

切削力是切削加工中的一个重要参数，影响切削力的因素包括工件材料、切削用量、刀具几何参数、刀具材料、刀具磨损状态和切削液等。而了解切削力变化规律不仅是机床动态特性研究的需要，也是提高机械加工精度、优化切削刀具几何参数的需要。随着数控技术的发展，切削力的测量和分析已成为数控自适应控制的重要判据。目前切削力的获取有理论方法和实验方法 2 种，切削力的理论计算公式是在忽略温度等条件的情况下推导出来的，只能用于定性分析。通过实验获得切削力的方法是利用测力仪直接测出切削力，再通过数据处理得到经验公式，因此相对理论计算更准确和方便。

测力仪的测量原理是利用切削力作用在测力仪的弹性元件上所产生的变形,或作用在压电晶体上产生的电荷经过转换和放大为电压值,再经过 A/D 转化为数字量,直接得到各个方向力的大小和动态变化情况。

图 1.2-2 所示为三向压电石英晶体传感器的结构。

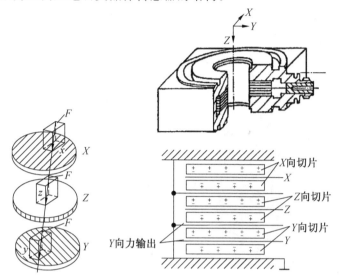

图 1.2-2　三向压电晶体传感器的结构

此类传感器由 3 对不同切片的石英晶片装入壳体内构成。其中 1 对晶片采用具有纵向压电效应的切片,只能测量垂直的 Z 向分力,而另外 2 对晶片由于采用具有切向效应的切片,且相互灵敏度方向成 90°放置,因此可测 X、Y 向的分力。这样空间任何方向的力作用在传感器上时,传感器便能自动地将力分解为空间相互正交的 3 个分力并输出。

由于压电石英晶体传感器具有刚性好、灵敏度高、频率响应宽和测量范围宽等优点,可以精确测量出车削、铣削、钻削和磨削等切削力和切削扭矩的准静态和实时动态变化,配合相应的数据采集、分析软件,可以进行切削力的频响函数和相关性分析。

测力实验的方法有单因素法和多因素法,通常采用单因素法,即固定其他实验条件,在切削时分别改变切削深度 a_p 或进给量 f,并从测力仪上读出对应的切削力数值,然后经过数据整理求出它们之间的函数关系式。

四、实验步骤

本实验采用单因素测量法,即在其他因素不变的情况下,考察切削深度 a_p 或进给量 f 对主切削力产生的影响。

1. 三向动态铣削力实时测量

① 按照测试系统工作框图,将测力板、分线器、数据采集系统连接好。

② 将测力板牢固压紧在数控铣床工作台面上,将加工零件压紧在测力板顶板上。

③ 启动计算机,打开测试系统,进入如图 1.2-3 所示的参数设置界面(测试软件为 DEWESoft 6.3),分别进行测试文件名称、测试日期、采样频率、通道名称和通道中测试范围、灵敏度等的设置,并保存设置参数。

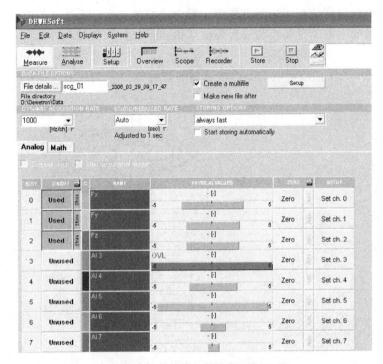

图 1.2-3　测试系统参数设置界面

④ 按下"Scope"按钮,进入如图 1.2-4 所示的采集界面,增添好 F_x,F_y 和 F_z 采集通道的切削力数据(均方值)显示窗口,等待切削开始。

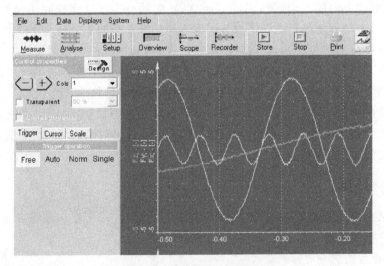

图 1.2-4　测试系统开始采集界面

⑤ 按照表 1.2-1 所示的实验条件,进行对刀操作并数控编程(比如,第 1 次车削的切削用量转速 n 为 600 r/min,f 为 0.1 mm/r,半径方向切削深度为 0.25 mm,切削长度为 10 mm),完成后启动数控车床主轴开始切削零件的外圆,同时按下如图 1.2-4 所示操作界面的"Store"按钮采集相应的三向车削力(F_x、F_y 和 F_z),切削完成后按下"Stop"按钮并将显

示的 3 个切削力(均方值)记录在表 1.2-1 中。

按照同样的方法,完成第 2 次车削(切削深度为 0.5 mm)、第 3 次车削(切削深度为 0.75 mm)和第 4 次车削(切削深度为 1 mm)的三向车削力的采集、显示和记录。

注意,按照分组,每一位同学只需要记录某一个切削方向的车削力数值即可。

表 1.2-1 切削深度对切削力的影响(固定 n 为 600 r/min、f 为 1 mm)

切削深度 a_{p}/mm	切削力 F_1/N
0.25	
0.5	
0.75	
1	

⑥ 采用同样实验方法,固定转速 n 为 600 r/min、切削深度 a_{p} 为 1 mm,分别进行第 5 次车削(进给量为 0.1 mm/r)、第 6 次车削(进给量为 0.2 mm/r)、第 7 次车削(进给量为 0.3 mm/r)和第 8 次车削(进给量为 0.4 mm/r),可以采集、显示和得到不同进给量条件下某个方向车削力均方值并记录到表 1.2-2 中。

表 1.2-2 进给量对切削力的影响(固定 n 为 600 r/min、切削深度 a_{p} 为 1 mm)

进给量 f/(mm · r^{-1})	切削力 F_2/N
0.1	
0.2	
0.3	
0.4	

2. 主切削力数据处理及经验公式推导

对主切削力 F_z 进行数据处理,以切削深度 a_{p} 和进给量 f 为变量求出其经验公式。

(1) 手工数据处理

要推导经验公式 $F_z = C_{F_z} \cdot a_{\mathrm{p}}^{X_{F_z}} \cdot f^{Y_{F_z}}$,由于采用的是单因素测量法,因而可做如下处理:

① 固定 $f = f_0 = 0.1$ mm/min,则

$$F_z = C_{F_{z1}} \cdot a_{\mathrm{p}}^{X_{F_z}} \cdot f_0^{Y_{F_z}}$$

令 $C_{F_{z1}} \cdot f_0^{Y_{F_z}} = C_{a_{\mathrm{p}}}$,可得

$$F_z = C_{a_{\mathrm{p}}} \cdot a_{\mathrm{p}}^{X_{F_z}} \tag{1.2.1}$$

$$C_{F_{z1}} = \frac{C_{a_{\mathrm{p}}}}{f_0^{Y_{F_z}}} \tag{1.2.2}$$

② 固定 $a_p = a_{\mathrm{p}_0} = 1$ mm,则

$$F_z = C_{F_{z2}} \cdot a_{\mathrm{p}_0}^{X_{F_z}} \cdot f^{Y_{F_z}}$$

令 $C_{F_{z2}} \cdot a_{\mathrm{p}_0}^{X_{F_z}} = C_f$,可得

$$F_z = C_f \cdot f^{Y_{F_z}} \tag{1.2.3}$$

$$C_{F_{z2}} = \frac{C_f}{a_{p_0}^{X_{F_z}}} \tag{1.2.4}$$

式(1.2.1)在对数坐标系中可写成 $\lg F_z = \lg C_{a_p} + X_{F_z}\lg a_p$，令 $Y = \lg F_z$，$X = \lg a_p$，$a = \lg C_{a_p}$，$b = X_{F_z}$，则上式可写为

$$Y = a + bX$$

这个方程式为 Y 对 X 的线性回归方程，a，b 称为回归系数。

用测得的第一组数据在对数坐标系中将实验点描绘出来，然后用一条直线去逼近各实验点，即用这条直线表示的 X 和 Y 之间的关系与实验数据的误差最小，

$$\delta i = Y_i - Y_{i0} = Y_i - (a + bX_{i0})$$

一般将每个误差的平方和作为总误差 Q，即

$$Q = \sum_{i=1}^{n} (Y_i - Y_{i0})^2 = \sum_{i=1}^{n} (Y_i - a - bX_{i0})^2$$

用最小二乘法确定 a，b，使由 a，b 确定的直线与各实验点的偏差是最小的，从而求得 C_{ap} 和 X_{F_z}。相关系数 γ 用来描述 2 个变量 X，Y 之间线性关系的密切程度。

同理，可求得 C_f 和 Y_{F_z}。再将其代入式(1.2.2)、式(1.2.4)中可求得 $C_{F_{z1}}$，$C_{F_{z2}}$。理论上 $C_{F_{z1}} = C_{F_{z2}}$，由于实验中存在误差，其值可能不相等，则 C_{F_z} 为 $C_{F_{z1}}$ 与 $C_{F_{z2}}$ 的平均值，即 $C_{F_z} = \frac{C_{F_{z1}} + C_{F_{z2}}}{2}$，从而可以推导出综合经验公式。

（2）计算机辅助数据处理

将测得的两组数据（取实时动态的平均值）分别输入计算机，计算机将完成最小二乘法的线性回归计算，得到两个形式为 $Y = A \cdot X^B$ 的式子。当 X 表示切削深度 a_p 时，A 为 C_{a_p}，B 为 X_{F_z}；当 X 表示进给量 f 时，式中 A 为 C_f，B 为 Y_{F_z}，求得 C_{a_p}，X_{F_z}，C_f，Y_{F_z}。将其代入式(1.2.2)、式(1.2.4)中可求得 $C_{F_{z1}}$ 和 $C_{F_{z2}}$。理论上 $C_{F_{z1}} = C_{F_{z2}}$，由于实验中存在误差，其值可能不相等，C_{F_z} 为 $C_{F_{z1}}$ 与 $C_{F_{z2}}$ 的平均值，即 $C_{F_z} = \frac{C_{F_{z1}} + C_{F_{z2}}}{2}$，从而推导出综合经验公式。

思 考 题

1. 简述三向压电石英晶体力传感器的工作原理和应用场合。

2. 根据三向铣削动态切削力的实时图，初步分析铣削力分布特点，简述三向动态铣削力测量的目的和应用场合。

3. 整理出主切削力的经验公式，比较切削深度 a_p 和进给量 f 分别对主切削力的影响程度，并思考在实际生产中应该如何合理利用和控制好切削用量，才能使其更加优化。

实验三　专用夹具

一、实验目的

(1) 了解专用夹具的组成。
(2) 认识定位元件及典型夹紧机构。
(3) 应用六点定位原理分析工件的定位。
(4) 了解组合定位及复合夹紧机构。
(5) 了解钻、车、铣等夹具的特点。

二、实验原理

1. 专用夹具的组成

专用夹具的外形如图 1.3-1 所示,专用夹具的组成框图如图 1.3-2 所示。

(a) 分度钻夹具　　　　(b) 箱式钻模　　　　(c) 短轴钻孔夹具

(d) 连续夹紧可调铣夹具　　(e) 盖扳式钻模　　(f) 铣鼻竖夹具

(g) 铣托脚夹具　　　　(h) 下压式钻模　　　(i) 成孔车组夹具

图 1.3-1　专用夹具实物

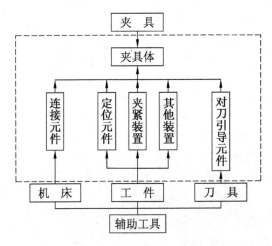

图 1.3-2　专用夹具的组成

2. 六点定位原理及其注意事项

六点定位原理如图 1.3-3 所示。

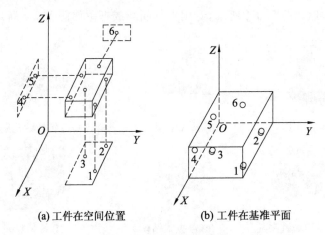

(a) 工件在空间位置　　　　(b) 工件在基准平面

图 1.3-3　六点定位原理

六点定位的注意事项如下：

① 定位支承点是定位元件抽象而来的。

② 定位支承点与工件定位基准面始终保持接触。

③ 不考虑力的影响。

3. 工件定位

工件定位中常见的几种情况如图 1.3-4 所示。

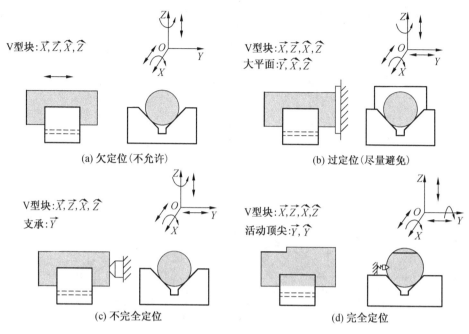

图 1.3-4 工件定位的几种常见情况

4. 常用定位元件

(1) 用于平面定位

① 固定支承。固定支承有支承钉和支承板,分别如图 1.3-5 和图 1.3-6 所示。

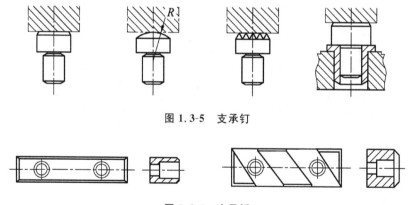

图 1.3-5 支承钉

图 1.3-6 支承板

② 可调支承,如图 1.3-7 所示。

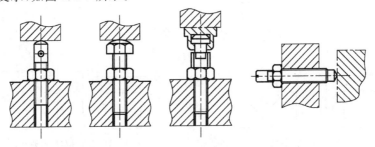

图 1.3-7　可调支承

③ 自位支承(又称浮动支承),如图 1.3-8 所示。

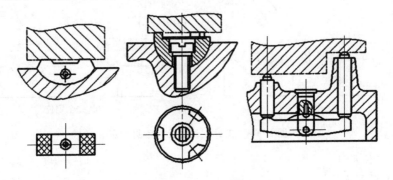

图 1.3-8　自位支承

④ 辅助支承,如图 1.3-9 所示。

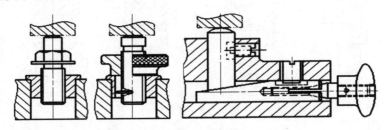

图 1.3-9　辅助支承

(2) 用于外圆柱面定位

① V 型块。V 型块有固定式(见图 1.3-10)和活动式(见图 1.3-11)。

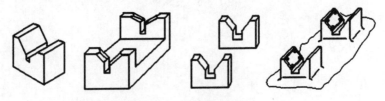

图 1.3-10　固定式 V 型块

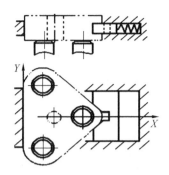

图 1.3-11 活动式 V 型块

② 定位套,如图 1.3-12 所示。

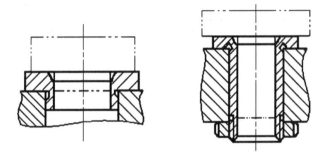

图 1.3-12 定位套

③ 半圆套,如图 1.3-13 所示。

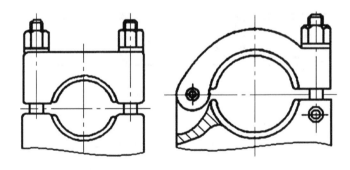

图 1.3-13 半圆套

④ 圆锥套,如图 1.3-14 所示。

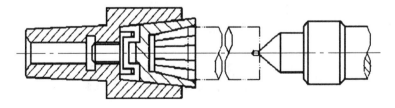

图 1.3-14 圆锥套

（3）用于圆孔定位

① 定位销。图 1.3-15 所示为国家标准规定的圆柱定位销,其工作部分直径 d 通常根据加工和安装要求,按 g6,g7,f6 或 f7 制造,定位销与夹具体的联接可采用过盈配合(见图 1.3-15a,b,c),也可采用间隙配合(见图 1.3-15d)。圆柱定位销通常限制工件的 2 个自由度。

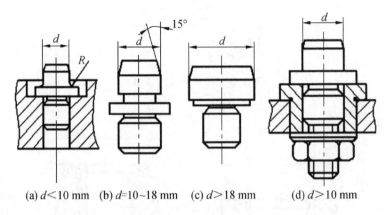

(a) $d < 10$ mm　(b) $d = 10 \sim 18$ mm　(c) $d > 18$ mm　(d) $d > 10$ mm

图 1.3-15　定位销

② 圆锥销,如图 1.3-16 所示。

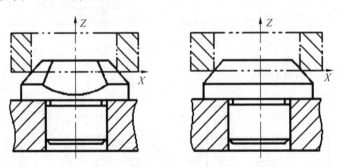

图 1.3-16　圆锥套

③ 圆柱心轴,如图 1.3-17 所示。

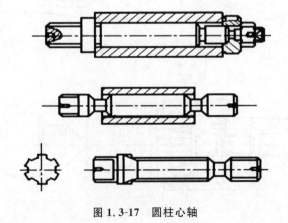

图 1.3-17　圆柱心轴

④ 圆锥心轴,如图 1.3-18 所示。

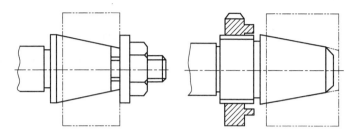

图 1.3-18 圆锥心轴

5. 常见夹紧机构

① 斜楔夹紧机构,如图 1.3-19 所示。

图 1.3-19 斜楔夹紧机构

② 螺旋夹紧机构,如图 1.3-20 所示。

图 1.3-20 螺旋夹紧机构

③ 偏心夹紧机构,如图 1.3-21 所示。

图 1.3-21 偏心夹紧机构

三、实验内容

(1) 绘制专用夹具的组成及其各组成部分与机床、工件、刀具的相互联系框图。

(2) 绘制工件简图,用定位夹紧符号(见表 1.3-1)标明所限制的自由度数及夹紧部位。

(3) 写出每一种夹具所用定位元件的名称及基本夹紧机构的名称。

(4) 写出 2～3 种夹具的特点。

(5) 完成表 1.3-2,并写实验报告。

表 1.3-1　定位、夹紧符号

主视图定位符号	俯视图定位符号	辅助定位符号	夹紧力符号	定位兼夹紧符号
∨	◇	⌇	↓	↓

表 1.3-2　各类夹具的特点

序号	夹具名称	工件定位表面	定位元件	接触情况	限制自由度数	简图	夹紧机构名称	备注
1								
2								
3								

思考题

1. 什么是完全定位和不完全定位? 什么是欠定位和过定位?

2. 专用夹具有什么优缺点?

3. 钻模有哪几种? 各类钻模相应的应用场合有哪些?

4. 车夹具、铣夹具在设计时须注意哪些问题?

❋ 实验四 计算机辅助误差测量与分析 ❋

一、实验目的

（1）掌握加工过程误差统计分析的基本原理和方法。

（2）运用计算机辅助误差测控仪进行误差数据的采集、运算、结果显示和打印。

（3）熟悉直方图的作法，能根据样本数据确定分组数、组距，由直方图作出实际分布曲线，进而将实际曲线与正态分布曲线相比较，判断加工误差性质，评定工序能力系数 C_p，根据给定的精度要求估算合格率。

（4）熟悉 $\overline{X} - R$ 质量控制图作法，能根据 $\overline{X} - R$ 图判断工序加工稳定性。

二、EMCD-4 型误差测控仪机械结构说明

由于丝杠可以同时反映圆周运动和直线运动这 2 种最基本的机械运动，该实验仪器选择经过车削加工的丝杠作为研究加工过程误差的载体。丝杠在步进电动机的驱动下做旋转运动，从而带动工作台在导轨上做往复直线运动。检测装置以光电编码盘为圆基准，光栅尺为长度基准，分别检测丝杠的角位移和工作台的直线位移。另一台步进电动机驱动差动螺母做补偿运动，差动螺母部件由齿轮、蜗杆驱动，差动螺母与齿轮固联，补偿用步进电动机的正、反向旋转使齿轮摆动，从而使差动螺母摆动，完成误差的补偿功能。为了直观地观察补偿误差时差动螺母的动作，采用特殊的结构设计实现差动螺母既能轴向固定，又能周向摆动。这种新颖的设计使仪器结构更简单，并且使补偿行程得以扩大，有利于做实验时对较大的误差值进行补偿。导轨部件采用特殊的结构设计可保证滚动轴承和圆柱导轨正确接触，达到仪器所要求的精度，并可以通过调整支承的位置来保证滚动轴承与圆柱导轨轴良好接触。误差测控仪工作原理如图 1.4-1 所示，机械本体照片如图 1.4-2 所示。

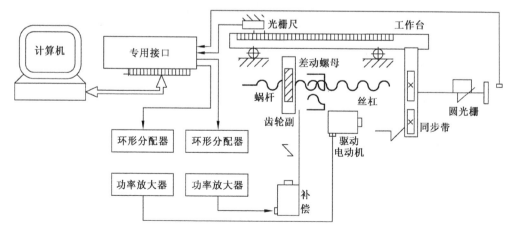

图 1.4-1 误差测控仪工作原理

图 1.4-2 机械本体照片

三、实验原理

正态分布概率密度函数表达式为

$$y = \frac{1}{\sigma \cdot \sqrt{2\pi}} e^{-\frac{1}{2}\left(\frac{x-u}{\sigma}\right)^2} \tag{1.4.1}$$

式中：y——分布的概率密度；

x——随机变量；

σ——正态分布随机变量总体标准差；

u——正态分布随机变量总体算术平均值。

样本标准差的估算值：

$$S = \sqrt{\frac{1}{N}\sum_{i=1}^{N}(x_i - \bar{x})^2} \tag{1.4.2}$$

样本的均值：

$$\bar{X} = \frac{1}{N}\sum_{i=1}^{N}x_i \tag{1.4.3}$$

直方图：进行实时测量后，便可绘制直方图（见图 1.4-3），否则系统用原有数据画直方图。从图中可以看出，丝杠的螺距误差曲线基本符合正态分布，说明系统无变值系统误差，样本的标准差 S 为 10.931 034，曲线分布中心与公差带中心不重合说明系统存在常值系统误差。

直方图的纵坐标为频数，通常采用区间频数的方式，当数据量大时，可以使分散的规律更加明显，有利于分析问题。直方图的横坐标为测量工件的尺寸与标准块规尺寸的差值大小。

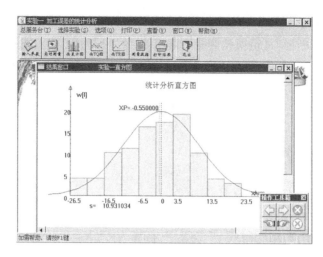

图 1.4-3　直方图

1. 画 $\overline{X}$ 图

进行实时测量后,可点"画 $T\text{-}Q$ 图"图标,绘制 $\overline{X}$ 图(见图 1.4-4)。

从图 1.4-4 中可以看出,丝杠螺距误差平均值为 $-0.55\ \mu m$,上控制线为 $16.473\ 6\ \mu m$,下控制线为 $-17.570\ 1\ \mu m$,没有点超出控制线。

（1）$\overline{X},R$ 图的作图方法

在工艺过程中,每隔一定时间抽取容量 $m=2\sim10$ 的小样本,求出其均值 $\overline{X}$ 和极差 R,共抽取 H 个样本,将各组的 $\overline{X},R$ 值分别标在 $\overline{X},R$ 图上,$\overline{X}$ 图的纵坐标为样本均值,R 图的纵坐标为样本极差,横坐标均为小样本序列号 $1,2,3,4,\cdots,H$。

$\overline{X}$ 在一定程度上代表瞬时分散中心,故 $\overline{X}$ 图主要反映系统误差及其变化趋势,R 在一定程度上代表瞬时尺寸分散范围,故 R 图反映随机误差及其变化趋势,将两者结合起来就可以全面反映加工误差的情况。

可以根据"小概率事件的发生"来判断加工过程是否稳定,"小概率事件"在正常情况下不会发生,如果发生了,那么说明加工过程出现了异常,不稳定。$\overline{X}\text{-}R$ 图中的"小概率事件"通常有"链""偏离""倾向""周期""接近"等情况,这些是根据概率计算得来的。

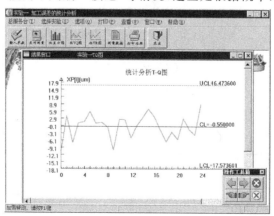

图 1.4-4　$\overline{X}$ 图

（2）绘 $\overline{X}$ 点图和 R 点图的方法

以分组序号为横坐标，每组误差的平均值 $\overline{X}$ 为纵坐标绘制 $\overline{X}$ 点图；以分组序号为横坐标，每组误差最大值与最小值之差 R 为纵坐标绘制 R 点图。$\overline{X}$，R 分别按下式计算：

$$\begin{cases} \overline{X} = \dfrac{1}{m}\sum_{i=1}^{m} x_i \\ R = X_{\max} - X_{\min} \end{cases} \tag{1.4.4}$$

式中：m——每组的工件数（即小样本容量）；

x_i——误差值；

$X_{\max}$，$X_{\min}$——每组误差的最大、最小值。

绘制 $\overline{X}$，R 图的中心线和上下控制线的方法如下：

在 $\overline{X}$，R 图上各有 3 根控制线，$\overline{X}$ 图的中心线为 CLX，上、下控制线分别为 $UCLX$，$LCLX$；R 图的中心线和上、下控制线分别为 CLR，$UCLR$，$LCLR$。

各控制线的求法如下：

首先计算总体的均值 μ（用样本均值 $\overline{X}$ 的平均值 $\overline{\overline{X}}$ 来估计）及总体标准差 σ 的无偏估计值（用 $a_n\overline{R}$ 来估计）。

$$\begin{cases} \overline{\overline{X}} = \dfrac{1}{H}\sum_{i=1}^{H} \overline{x}_i \\ \overline{R} = \dfrac{1}{H}\sum_{i=1}^{H} R_i \end{cases} \tag{1.4.5}$$

式中：$\overline{x}_i$，R_i——小样本的平均值、极差；

a_n——常数，其值见表 1.4-1；

H——小样本的个数。

由上所述就可以确定 $\overline{X}$，R 图上的各控制线，即

$\overline{X}$ 图：
$$CLX = \overline{\overline{X}} = \frac{1}{H}\sum_{i=1}^{H} \overline{X}_i$$
$$UCLX = \overline{\overline{X}} + A\overline{R}$$
$$LCLX = \overline{\overline{X}} - A\overline{R}$$

R 图：
$$CLR = \overline{R} = \frac{1}{H}\sum_{i=1}^{H} R_i$$
$$UCLR = D_1\overline{R}$$
$$LCLR = D_2\overline{R}$$

式中：A，D_1，D_2 值见表 1.4-1。

表 1.4-1　a_n，A，D_1，D_2 值

m	a_n	A	D_1	D_2
4	0.48567	0.73	2.28	0
5	0.45168	0.58	2.11	0
6	0.394633	0.48	2.00	0

2. 画 R 图

进行实时测量后,可点"画 $T-R$ 图"图标,绘制 R 图(见图 1.4-5)。从图中可以看出,丝杠螺距误差极差的平均值为 23.32 μm,上控制线为 53.17 μm,下控制线为 0 μm,没有点超出控制线,而且没有明显的变化规律。综合 $\overline{X}-R$ 图可知,被测量丝杠的加工工艺系统是稳定的。

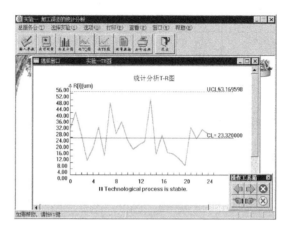

图 1.4-5　R 图

3. 测量数据

进行实时测量后,点击"测量数据"图标,可显示所测误差数据的数值。

4. 打印结果

点击"打印结果"图标,用于实验结果打印预览及打印。

四、实验报告

(1)打印测量数据。

(2)按表 1.4-2 格式作出频数分布表,计算出 $\overline{X} = \dfrac{1}{N}\sum\limits_{i=1}^{N} x_i$ 和 $S = \sqrt{\dfrac{1}{N}\sum\limits_{i=1}^{N} (x_i - \overline{x})^2}$ 。

表 1.4-2　频数分布表

组号	组界	组中间值	频数 m_i	频率 f_i	累计频数	累计频率
1						
2						
3						
4						
5						
6						

组号	组界	组中间值	频数 m_i	频率 f_i	累计频数	累计频率
7						
8						
9						
10						
11						
12						

注:组距 $D=(X_{max}-X_{min})/(K-1)$;组界为 $X_{min}+(j-1)D\pm D/2$,其中左边界为负,右边界为正;组中值为 $X_{min}+(j-1)D$;$j=1,2,3,\cdots,K$;频率＝频数/样本容量;频率密度＝频率/组距。

(3) 按表 1.4-3 格式记录 $\overline{X}$,R 控制图数据,计算出总平均值 $\overline{\overline{X}} = \dfrac{1}{H}\sum_{i=1}^{H}\overline{x}_i$ 和极差平均

值 $\overline{R} = \dfrac{1}{H}\sum_{i=1}^{H}R_i$ 。

表 1.4-3 $\overline{X}$,R 图数据表(小样本件数 $m=$＿＿＿＿＿,小样本组数 $H=$＿＿＿＿＿)

样本序号	1	2	3	4	5	6	7	8	9	···	H
样本均值 $\overline{X}$											
样本极差 R											

(4) 实验结果整理与分析。

① 绘制直方图和实验分布曲线,判断加工误差性质。

② 求出工序能力系数,估算合格率。

工序能力是指工序处于稳定状态时,加工误差正常波动的幅度。工序能力等级是以工序能力系数来表示的,它代表了工序能满足加工精度要求的程度,工序能力系数用 C_p 表示,即

$$C_p = \frac{T}{6\sigma} \tag{1.4.6}$$

式中:T——工件尺寸公差;

6σ——工序能力(正态分布)。

计算合格率首先要作 $Z = \left| \dfrac{x-u}{\sigma} \right|$ 变换,Z 的取值应在 0～5 之间,再查表得 $G(Z)$ 值,此值为合格品率 Pr,废品率为 $0.5-Pr$。

③ 绘制 $\overline{X}$,R 图,判断稳定性。

实验五　机床主轴回转精度测试

一、实验目的

（1）了解机床主轴回转误差对加工精度的影响。

（2）熟悉主轴回转误差的测量原理和方法。

二、实验设备

（1）CA6140 车床。

（2）测振仪。

（3）示波器。

三、实验原理

1. 机床主轴回转精度的基本概念

机床主轴的回转轴线是主轴绕其旋转的线段，在确定的运转状态下，该线段"镶嵌"在主轴上，并随主轴一起运动。运转状态不同，回转轴线在主轴上的位置也不相同。对于某一指定的参考系，理想主轴回转轴线的空间位置是固定不动的，主轴上每个质点都围绕这一固定不变的回转轴线做旋转运动。但实际上，由于主轴、主轴轴承及主轴箱体等元件的不完善和结构振动的影响，主轴回转轴线的空间位置随时变动，其平均位置称之为轴线平均线。主轴回转轴线相对于平均线的偏离就是主轴回转轴线的误差运动。主轴回转精度用回转轴线的误差运动值来评定，误差值越小则精度越高，反之亦然。

主轴回转精度是主轴工作质量的最基本的指标，也是机床的一项主要精度指标，它直接影响被加工零件的几何精度和表面质量。测量主轴回转精度的目的在于：

① 评定主轴回转精度，作为机床产品验收标准和出厂检验的主要考核项目之一。

② 分析影响主轴回转精度的各种因素，为改进机床结构设计和加工装配工艺提供理论依据。

③ 预测机床在理想切削条件下所能达到的加工精度和表面质量。

回转轴线的误差运动具有 3 种基本形式：纯径向运动、纯倾角运动和纯轴向运动。径向运动是前 2 种基本形式的综合反映，端面运动则是后 2 种基本形式的叠加。

通过瞬时加工点或瞬时检测点并与工件的理想形成表面垂直的方向叫作敏感方向，与敏感方向垂直的方向都是非敏感方向。如果瞬时加工点不随轴线旋转，则敏感方向是固定的（如车削）；如果瞬时加工点随轴线旋转，则敏感方向是旋转的（如镗削）。回转轴线的误差运动在敏感方向上的分量将 1∶1 地反映在加工表面上，非敏感方向上轴线误差运动对于加工误差的影响几乎可忽略不计。因此不同形式的误差运动对于加工精度具有不同的影响，同一形式的误差运动对于不同的加工方式的影响也不一样。因此机床主轴的类型不同,测量的目的不同,回转精度的测试方法亦不尽相同。

2. 主轴回转精度的测量

本实验对一台车床主轴回转轴线的径向运动进行测量,主要目的是预测该车床在理想切削条件下所能达到的加工精度。

实验装置如图 1.5-1 所示,精密测量轴固定于主轴的轴端,测量轴的周向对轴线的偏心量为 e,位移传感器在测量轴的周向垂直配置,在主轴旋转时同时拾取轴线径向运动的位移信号,因而称为双坐标测量法。传感器拾取的位移信号经测振仪放大后分别输入示波器的水平和垂直偏置极板。如果测量轴的周向圆度误差为 0,主轴回转轴线的径向运动误差 δ 亦为 0,那么 2 个传感器的输出信号表示如下:

$$\begin{cases} X = e\cos \omega t \\ Y = e\sin \omega t \end{cases} \tag{1.5.1}$$

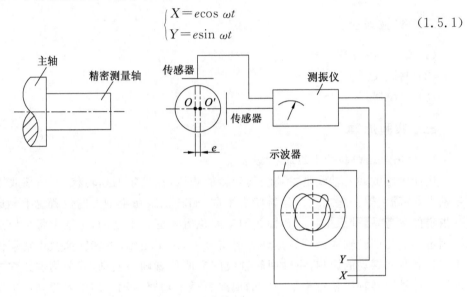

图 1.5-1 实验装置

示波器光屏上出现一个圆,它表示轴心的运动轨迹,其半径与 e 成正比。

如果主轴轴线存在径向运动差 δ,传感器同样能够检测出这一运动误差,并把它叠加到轴心的圆周运动上。如图 1.5-2 所示,传感器的输出信号为

$$\begin{cases} X = e\cos \omega t + \delta\cos(\omega t + \varphi) \\ Y = e\sin \omega t + \delta\sin(\omega t + \delta) \end{cases} \tag{1.5.2}$$

式中:ω——主轴角速度;

φ——主轴径向误差运动 δ 的方向与测量轴轴线偏心方向之夹角。

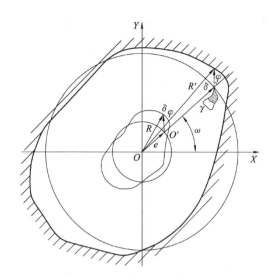

图 1.5-2　传感器输出信号

　　实际上式(1.5.2)仍然是轴心的运动方程,示波器光屏上显示的图形是轴心的运动轨迹。这一图形是把轴线径向运动叠加在一个基圆上形成的,也就是轴线的径向运动在圆坐标系中的图像,简称为轴线运动误差圆图像。圆图像的圆度误差就是表示所测回转轴线运动的误差值。

　　假设在测量轴的偏心方向上安装一把车刀,刀尖与回转轴线的距离为 r,那么该车刀刀尖的运动方程为

$$\begin{cases} X' = r\cos \omega t + \delta\cos(\omega t + \varphi) \\ Y' = r\sin \omega t + \delta\sin(\omega t + \varphi) \end{cases} \tag{1.5.3}$$

　　再用这把车刀对工件进行理想切削(见图 1.5-2),工件的表面形状也可以用式(1.5.3)加以描述,因为 $r \gg e$,可以证明式(1.5.3)所表示的图形的圆度误差略小于并且十分接近上述圆图像的圆度误差。

　　为了提高测量精度,测量轴本身的圆度误差应该足够小,以至可以忽略不计。测量轴的安装偏心量 e 与被测主轴回转误差值也应有一个适当的比例,一般取 $e = (4 \sim 8)\delta$ 为宜,偏大会影响测量的灵敏度,偏小也将增加测量误差。值得注意的是,如果车刀安装位置有所改变,测量轴的偏心位置也应随之改变,始终保持轴线与刀尖处于相同的轴向和周向位置上。

四、实验结果

　　从示波器光屏显示的圆图像可以大致判断所测主轴回转轴线径向运动的误差值,也可以用相机拍摄圆图像图形。仔细检测图形的圆度误差,以获得较精确的径向运动误差值。圆度的测量方法与通常所用的方法相同,估取恰能包容上述圆图像轮廓的 2 个同心圆的半径差来度量。一般规定有 5 种确定同心圆圆心的方法,对径向运动只能采用"最小径向间距中心"方法,即在选定作为 2 个恰能包容误差运动圆图像的同心圆圆心位置时,应使 2 个圆的半径差具有最小值,半径差的具体值应按标定的标尺计算。

（1）记录示波器输出图像，并用作图法作出径向回转误差值。

（2）将测量数据记录于表 1.5-1 中。

表 1.5-1　数据记录

主轴转速/(r/min)	偏心量 $e/\mu m$	测量环中心到工作台面距离/mm	确定同心圆圆心的方法	径向运动误差值/μm

 思 考 题

1. 什么叫机床主轴的回转精度？

2. 产生回转误差的原因有哪些？

3. 简述车床主轴回转误差对加工精度的影响。

课程二　机械制造装备设计

❀　实验一　普通车床传动与结构　❀

一、实验目的

（1）了解车床的工作原理、传动路线。

（2）了解车床的典型结构和车床的调整方法。

（3）掌握认识车床和分析车床的方法。

二、实验内容

观察车床传动系统的传动路线或机构。普通车床的传动系统主要包括主传动路线，高、低速传动路线，正常螺距与扩大螺距传动路线，左、右螺纹传动路线，离合、制动机构，调速机构，移换机构，润滑系统，如图 2.1-1 所示。

1. 主轴箱

（1）双向多片式摩擦离合器、制动器及其操纵机构

摩擦离合器的结构如图 2.1-2 所示。内摩擦片装在轴Ⅰ的花键上，与轴Ⅰ一起旋转。外摩擦片外圆上相当于键的 4 个凸起，装在齿轮Ⅰ的缺口槽中，外片空套在轴Ⅰ上，如图 2.1-3 所示。当杆通过销向左推动压块时，使内片与外片互相压紧，于是轴Ⅰ的运动便通过内外片之间的摩擦力传给齿轮，使主轴正向转动。同理，当压块向右压时，可使右离合器的内外摩擦片压紧，使主轴反转。当压块处于中间位置时，左、右离合器都处于脱开状态，这时，轴Ⅰ虽然转动，但离合器不传递运动，主轴处于停止状态。

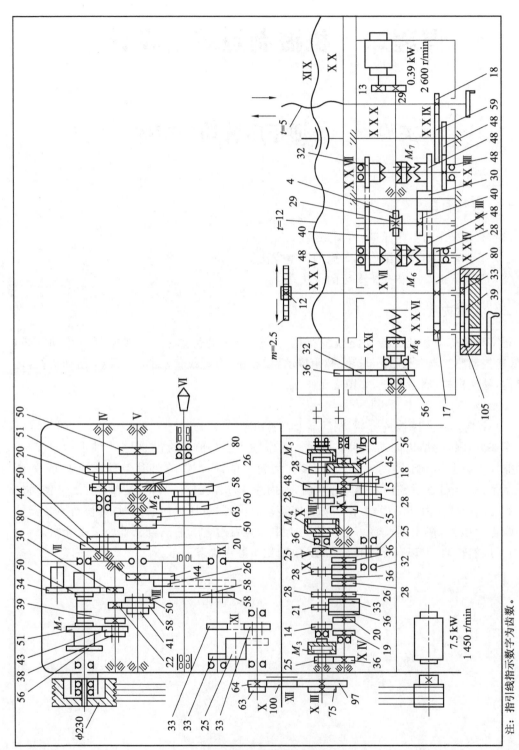

图 2.1-1　CA6140 型普通车床传动系统

注：指引线指示数字为齿数。

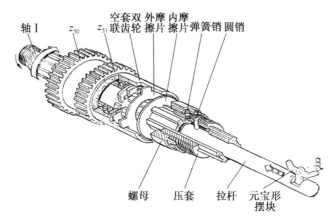

图 2.1-2　摩擦离合器结构

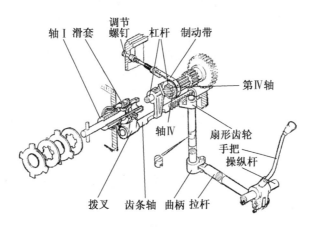

图 2.1-3　轴Ⅰ上的摩擦离合器及其操纵机构

离合器的接合或脱开(压块处于左端、右端或中间位置)是由手柄来操纵的。当向上扳动手柄时,杆向外移动,齿扇顺时针方向转动,齿条通过拨叉使滑套向右移动,滑套的内孔两端为锥孔,中间为圆柱孔。滑套向右移动时就将元宝销(杠杆)的右端向下压。由于元宝销是装在轴Ⅰ上的,所以这时元宝销就向顺时针方向摆动,于是元宝销下端的凸缘便推动装在轴Ⅰ内孔中的杆向右移动,杆通过其左端的销带动压块,使压块向左压。故将手柄扳到上端位置时,左离合器压紧,这时就可传动主轴正转。同理,将手柄向下扳至下端位置时,右离合器压紧,主轴反转。当受柄处于中间位置时,离合器脱开,主轴停止转动。

(2)轴Ⅱ和轴Ⅲ上滑动齿轮操纵机构(见图 2.1-4)

手柄通过链传动使轴转动,在轴上固定凸轮和曲柄。凸轮上有一条封闭曲线槽,由两段不同半径的圆弧和过渡直线组成。凸轮上有 6 个不同的变速位置,凸轮曲线通过杠杆操纵轴Ⅱ上的双联滑动齿轮 A。当杠杆的滚子中心位于大半径处时,齿轮 A 在左端位置;若位于小半径处,则移到右位置。曲柄上圆销的滚子装在拨叉的长槽中。当曲柄随着轴转动时,可拨动拨叉,使轴Ⅲ上的滑动齿轮 B 处于左、中、右 3 种不同的位置。

轴Ⅳ和Ⅵ及轴Ⅸ和Ⅹ上滑动齿轮的操纵机构分别如图 2.1-5 和图 2.1-6 所示。主轴箱润滑系统结构如图 2.1-7 所示,主轴箱润滑系统工作流程示意如图 2.1-8 所示。

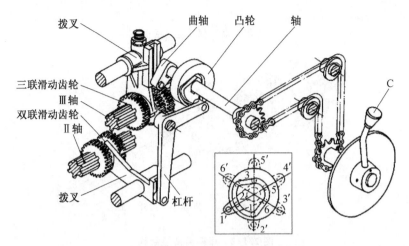

图 2.1-4　轴Ⅱ及轴Ⅲ上滑动齿轮的操纵机构

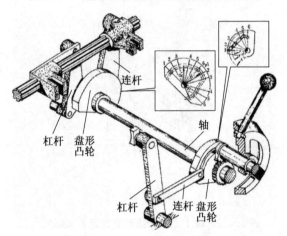

图 2.1-5　轴Ⅳ和轴Ⅵ上滑动齿轮的操纵机构

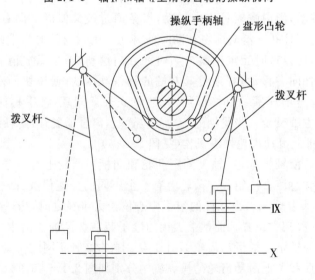

图 2.1-6　轴Ⅸ及轴Ⅹ上滑动的齿轮的操纵机构

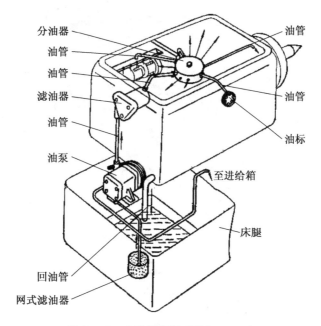

图 2.1-7　主轴箱润滑系统(CA6140)

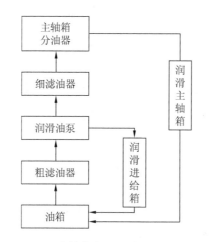

图 2.1-8　主轴箱润滑系统工作流程示意

2. 进给箱

(1)基本变速组操纵机构

进给箱基本变速组操纵机构结构如图 2.1-9 所示,基本螺距机构的变速操纵机构如图 2.1-10 所示。

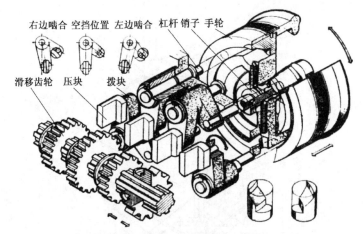

右边啮合 空挡位置 左边啮合 杠杆 销子 手轮

滑移齿轮 压块 拨块

图 2.1-9　基本变速组操纵机构结构

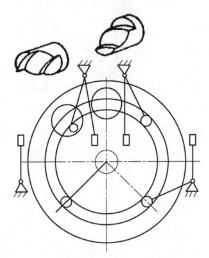

图 2.1-10　基本螺距机构的变速操纵机构(CA6140)

（2）移换机构

进给箱的移换机构有增倍变速组操纵机构、公英制螺纹移换机构、车螺纹与进给移换机构、螺纹种类移换机构，如图 2.1-11 所示。

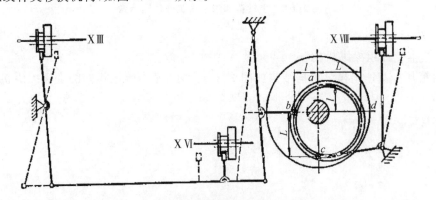

图 2.1-11　螺纹种类转换机构及丝杆、光杆传动的操纵

3. 溜板箱

溜板箱包含纵横向机动进给、快速移动操纵机构、互锁机构、开合螺母、超越离合器、安全离合器。

（1）互锁机构

互锁机构有车螺蚊与进给互锁、纵横向进给间互锁、手动与机动进给间互锁。互锁机构工作原理如图 2.1-12 所示。

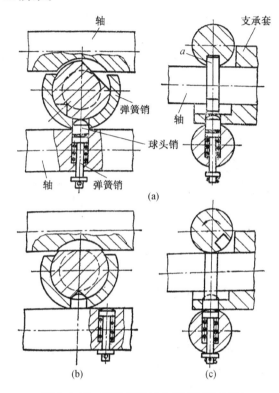

图 2.1-12　互锁机构工作原理（CA6140）

（2）开合螺母

开合螺母是用于转换丝杠、光杠的传动机构，其结构如图 2.1-13 所示。

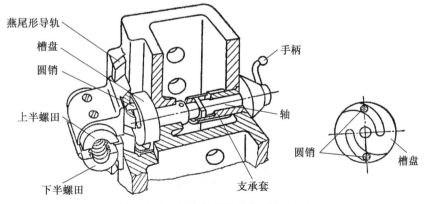

图 2.1-13　开合螺母的结构（CA6140）

（3）超越离合器

超越离合器只能单向运转，用于进给运动后的快速退刀，其结构示意如图 2.1-14 所示。

（4）安全离合器

当负载过大时，安全离合器的左右两部分打滑脱开，从而保护机械结构不损坏。安全离合器工作原理如图 2.1-15 所示。

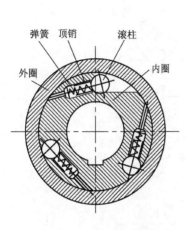

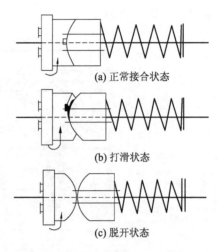

（a）正常接合状态

（b）打滑状态

（c）脱开状态

图 2.1-14　超越离合器

图 2.1-15　安全离合器的工作原理

4. 刀架

CA6149 型普通车床刀架如图 2.1-16 所示。

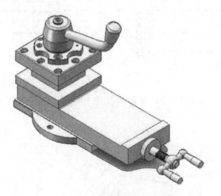

图 2.1-16　CA6140 型普通车床的刀架

三、注意事项

（1）不要擅自接通电源开关。

（2）不要将异物带入机床主轴箱中。

（3）扳动机床手柄时宜缓和，避免冲击。

思 考 题

1. 在双向摩擦离合器中，为什么左右两组摩擦片数量不等？

2. 双向摩擦离合器与制动器在操作上有何关系？

3. 主轴变速时，为什么通常不是停止电动机而是操纵摩擦离合器？

4. 普通机床与数控机床的主轴转速与进给量各采用什么单位？两条传动链之间有联系吗？

5. 机床主轴的回转精度怎样测量？误差形式有几种？各影响加工零件的哪些形状精度？

实验二　机床噪声测试

一、实验目的

（1）掌握机床噪声测量的方法及仪器的使用方法。

（2）分析机床噪声源及产生的原因。

（3）了解降低机床噪声的措施。

二、实验设备

（1）CA6140普通车床。

（2）HS6288B型噪声频谱分析仪。

三、噪声频谱分析仪简介

（1）噪声频谱分析仪的使用

① 存储器清零。

② 同时按住【时钟】【快慢】,再按【复位】键。先松【复位】键,再同时松开【时钟】【快慢】键,屏幕显示"9999"。

③ 单组数据的测量与保存。

依次按住【复位】/【定时】/【运行】/【运行】/【输出】……【运行】/【运行】/【输出】……

　　　　　　　　　　Man　　Run　　Pause　　Save　　　　Run　　Pause　Save

④ 显示与打印（输出数据）。

依次按住【复位】/【输出】/【输出】【↑】进行选择/【运行】/【↑】/【运行】……【运行】。

显示　1—1　单组数据　显示数据总组数　选择组项　显示1　至显示若干组

打印　2—2　整时数据

微机　3—3　自动滤波

（2）滤波器选频的测量、显示与打印

① 手动方式。

依次按住【复位】【计权】【频率】【定时】【运行】……【频率】/【运行】【频率】/【运行】。

　　　　　　　　　显示 Lin　　·　　10 s　　Run　　　　Pause

② 自动方式。

依次按住【复位】/【计权】/【定时】/【频率】/【运行】。

　　　　　　　　　显示 Lin　　10 s　　……

③ 显示与打印。

依次按住【输出】【↑】/【运行】】/【↑】/【运行】/【频率】……【频率】。

　　　　　　　1—3显示　显示总数组　选择组数　显示各频率对应的L_{eq}值

　　　　　　　2—3打印

（3）名词解释

L_{eq}——等效连续声级,表示在测量时段内用能量平均的方法体现噪声的大小。

L_{max}——最大声级,测量时段内最大声级值。

L_{10},L_{50},L_{90}——统计声级,表示在测量时段内的百分之几所超过的噪声级,如 $L_{10}=60$ dB 表示测量时段内有 10% 的时间,其噪声超过 60 dB,L_{10} 相当于噪声的峰值。L_{90} 相当于本底值。

四、实验原理

机床噪声由许多不同频率和声强的声音杂乱无章地组成,其信号能量分布在整个频率范围内。频率分析就是在这样一个复杂信号中,分析出单个的频率成分,并表明每个成分的幅值。因此为了准确找出噪声源,必须进行噪声频谱分析,从频谱图中的频率和频率族中找出产生噪声的原因。

五、实验步骤

（1）确定测试环境、条件及测点位置。

为了避免反射声对测量结果的影响,规定机床外廓到主要反射表面（如墙壁）的距离应不小于 2 m,由于机床噪声的测量会受到周围环境噪声及仪器自身噪声的影响,因此本底噪声级至少应比所测机床噪声低 10 dB 以上,否则按表 2.2-1 进行修正。测量前机床应空运转 20 min 达到热稳定后进行测量,测量过程中本底噪声应稳定。

表 2.2-1 测量修正值

机床噪声高出本底噪声级数/dB(A)	从测量值中减去噪声级数/dB(A)
≤3	3
4～5	2
6～9	1
≥10	0

传声器的位置不同,对同一噪声源测得的结果是不同的。因此要求传声器应面向被测机床,并与水平面平行,在距地面 1.5 m,距机床外轮廓 1 m(小型机床为 0.5 m)处的包络线上放置传声器,测点不少于 4 点,每相邻的 2 个点间的距离不超过 2 m,若 2 个测点测出的声级差大于 5 dB,则应增加测点,以各测点中测得的最大读数作为机床的噪声级。

（2）绘出测量位置的草图。

（3）在各个测点测量整机噪声,并填入表 2.2-2 中。

主轴可取最高转速,进给量取中等以上,取其中数值最大的测点为固定测量点,测量时使"计权网络"开关置于"线性"位置,即为被测声级。

（4）测量本底噪声。

（5）在固定测点上测得机床各级转速下的声级,并填入表 2.2-3 中。

（6）在固定测点上,主轴为最高转速时,测量主轴箱噪声频谱,进行倍频程测量,并填入表 2.2-4 中。

表 2.2-2 机床各测点的声级表

$n_{max} = $ _____ r/min, $f_{中} = $ _____ mm/r

测点声	声压级/dB(A)

表 2.2-3 机床主轴各转速下的噪声记录表

第_____测点

转速/(r/min)	声压级/dB(A)

表 2.2-4 床头箱各轴依次接通时倍频程记录表

本底噪声_____dB(A)，　第_____测点，　$n_{max} = $ _____ r/min

中心频率/Hz 声压级/dB 轴号	31.5	63	125	250	500	1 000	2 000	4 000	8 000	16 000	线性

六、数据分析与处理

（1）评定该机床的噪声的声压级，普通机床噪声的声压级小于 85 dB，精密机床噪声的声压级小于 75 dB。

（2）绘制图表：① 绘制转速 n-声级 L_A 曲线（用单对数坐标纸）；② 绘制频率 $f_{中}$-声压级 L_P 曲线，即频谱图。

（3）进给箱声级计算。

计算公式：

$$L_\Sigma = 10\lg\left(\frac{p_\Sigma}{P_0}\right)^2, \qquad \left(\frac{p_\Sigma}{p_0}\right)^2 = \lg^{-1}\left(\frac{L_\Sigma}{10}\right) = 10^{\frac{L_\Sigma}{10}},$$

$$L_1 = 10\lg\left(\frac{p_1}{p_0}\right)^2, \qquad \left(\frac{p_1}{p_0}\right)^2 = \lg^{-1}\left(\frac{L_1}{10}\right) = 10^{\frac{L_1}{10}},$$

$$L_2 = 10\lg\left[\left(\frac{p_\Sigma}{p_0}\right)^2 - \frac{p_1{}^2}{p_0}\right] = 10\lg(10^{\frac{L_\Sigma}{10}} - 10^{\frac{L_1}{10}}).$$

（4）分析噪声源，试提出降噪措施。

实验三　组合夹具

一、实验目的

(1) 在熟悉典型零件加工工艺路线制订的基础上,了解组合夹具定位、夹紧的基本原理和方法。

(2) 初步掌握组合夹具基本结构的分析,以及拼装组合夹具的基本技能。

二、实验设备

(1) 万向节滑动叉毛坯 1 件,成品 1 件。

(2) 万向节滑动叉各道加工工序的半成品,共 10 件。

(3) 组合夹具组装用基础元件库。

(4) 通用扳手、专用扳手、内六角扳手、起子、木榔头等辅具。

(5) 游标卡尺、高度尺、百分表等量具。

三、实验内容

(1) 根据给定的零件,初步制订其加工工艺路线,画出零件指定工序的工序图。

(2) 在了解组合夹具元件库和确定组合方案的基础上,合理选用元件进行组装和调整,画出组合后的夹具装配草图。

(3) 利用六点定位原理分析所组装夹具的定位,对组装夹具的定位误差进行分析,提出提高组合夹具精度和刚性的改进方案。

四、实验步骤

(1) 分析加工零件的几何特征、尺寸关系、精度要求,设计合理的加工工艺路线方案,初步判断各个工序的尺寸基准和定位基准。

(2) 针对给定的工序要求,确定本工序零件的定位方法,绘制相应的工序草图。

(3) 确定工序所需的机床、刀具、量具和相应的切削参数,制订本工序加工卡片。

(4) 根据组合夹具现有的元件库和本工序的结构需要,选用合理的元件进行拼装。

(5) 进行调整和测量,保证符合本工序的加工精度要求,绘制总装配草图。草图绘制基本要求如下:

① 表达组合夹具的视图规范、清晰。

② 标注装配视图的最大尺寸,以及主要的配合尺寸,配合公差符合要求。

③ 视图中的零件采用双点画线表示。

④ 标题栏规范,内容填写主要有装配图名称、设计人和绘制时间等。

⑤ 分别标注基础件、支承件、定位件、压紧件、导向件等主要零件。

（6）对安装的组合夹具进行定位误差分析，提出改进精度和刚性的方案，现场进行分析和讨论。

五、实验报告

在现有组合夹具库基础上，以万向节滑动叉的各道加工工序为对象，参照图 2.3-1 至图 2.3-4，完成如下实验报告内容：

（1）完成本工序加工简图的工艺过程卡片（见表 2.3-1）。

（2）绘制本工序组合夹具装配图（A4），建议采用三维 CAD 软件设计组合夹具装配模型，并进行干涉检查及制作三维模型的爆炸图。

（3）指出组合夹具和成组夹具的区别及其运用场合。

（4）提出本工序组合夹具的改进方案。

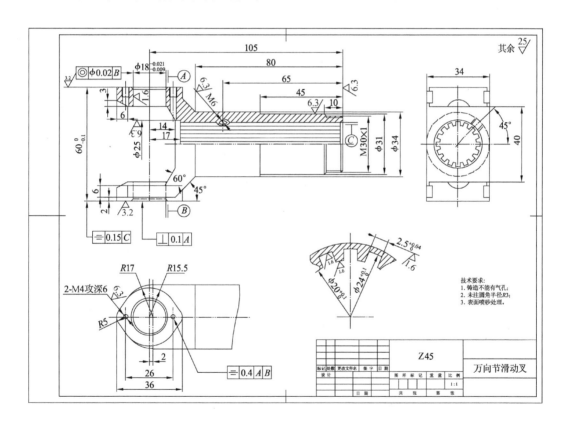

图 2.3-1 万向节滑动叉零件图

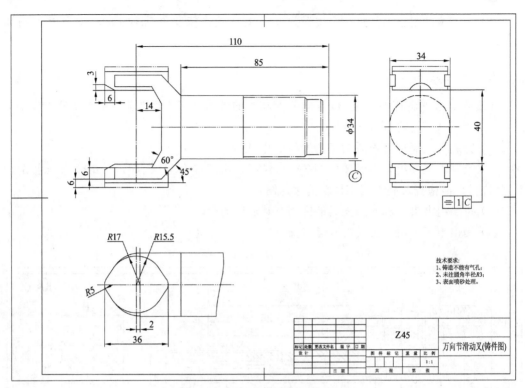

图 2.3-2　万向节滑动叉毛坯图

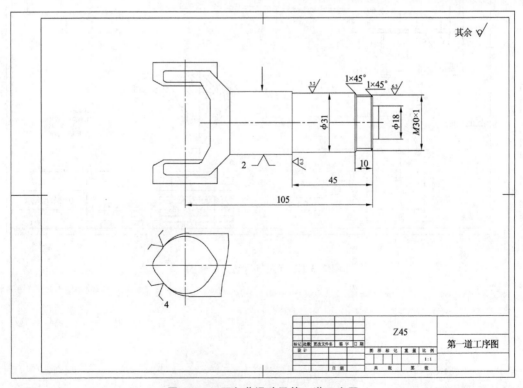

图 2.3-3　万向节滑动叉第一道工序图

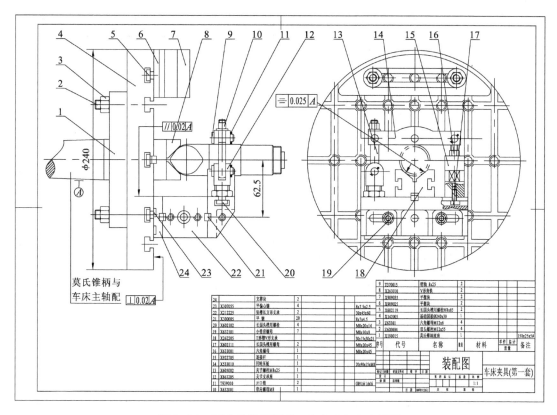

图 2.3-4　万向节滑动叉第一套车床组合夹具图

六、注意事项

（1）轻拿轻放，避免磕碰，以防损伤元件精度。

（2）规范操作，注意安全，以防磕伤身体部位。

（3）在实验室内绘制组合夹具装配草图，在实验报告中完成正式装配图的绘制。

表 2.3-1 万向节滑动叉加工工艺过程卡片

机械加工工艺过程综合卡片	零件号		零件名称	万向节滑动叉	生产类型	大批量	材料	Z45	毛坯重量	2 kg	毛坯种类	铸钢件	编制		指导		审核		日期	

工序	安装	工位	工步	工序说明	工序简图	机床	夹具或辅具	刀具	量具	走刀次数	走刀长度/mm	切削深度/mm	进给量/(mm/r)	主轴转速/(r/min)	切削速度/(m/min)	工时定额/min 基本时间	辅助时间	其他时间
Ⅰ	1		1	粗车端面至 φ18 mm;保证尺寸 105 mm;		卧式车床 CA6140	第一套车床夹具	YT15 外圆 45°车刀	游标卡尺	5	25	3	0.5	600	根据有关公式计算			
			2	粗车外圆至 φ31 mm;保证尺寸 45 mm;						1	45	1.5	0.5	600				
			3	车外圆至 φ30 mm,倒角;				W18Cr4V 螺纹车刀	螺纹量规	1	10	2	1	600				
			4	粗车外圆螺纹 M30×1;						4	10	0.75	1	60				
			5	精车外圆螺纹 M30×1						2	10	0.25	1	100				

实验四　机床几何精度测量

一、实验目的

(1) 了解本实验中所检验的车床精度有关项目的内容及其和加工精度的关系。

(2) 了解车床精度的检验方法及有关仪器的使用。

(3) 掌握所测得的实验数据的处理方法和检验结果的曲线绘制及分析。

二、主要仪器设备

(1) 实验机床:CA6140 普通车床。

(2) 测量仪器:合象水平仪、千分表、钢尺、磁力表座、圆柱长检验棒。

三、实验原理

根据普通车床精度检验标准,本实验检验其中的 5 项。

第一、二、三项是检验溜板移动时的轨迹,由于床身导轨的制造误差或因长期使用后的磨损及变形,使得溜板移动轨迹不是一条直线,而是一条空间曲线,这一条空间曲线可以用这 3 项精度来表示。

(1) 第一项:溜板移动在垂直平面内的不直度

检验方法:在溜板上靠近床身前导轨处放一个和床身导轨平行的水平仪,移动溜板,每隔 200 mm 记录一次水平仪读数,在溜板上的全行程检验,见图 2.4-1。

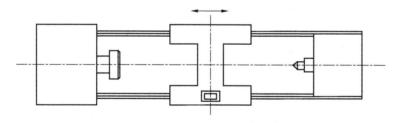

图 2.4-1　第一项精度检验示意

根据所测得的各段水平仪读数,绘制溜板移动的运动曲线,以运动曲线两端点的连线作为基准线,由曲线上各点作基准线的平行线,其中相距最近的两条平行线之间的纵坐标距离即为其不直度误差。

溜板移动的运动曲线作法如下:

以溜板行程为 1 500 mm,溜板长度为 500 mm 的车床为例,水平仪纵向安放在溜板平面上,当溜板处于近主轴端的极限位置时,记录一个水平仪读数,如 $+a$(格)("+"代表水平仪气泡移动方向与溜板移动方向相同,如相反,则为"－")移动溜板,每隔 500 mm 就记录一次读数,移动行程为 1 500 mm 时得出 3 个读数,如为 $+b,-c,-d$。以导轨长度(即溜板各段行程所在的导轨位置)为横坐标,水平仪读数为纵坐标,根据水平仪读数依次画出各折线段,并使每一折线段的起点与前一折线段的终点相重合,即得出运动曲线(见图2.4-2)连接曲线两端点 OD,作为基准线,量出曲线上的点 B 到线 OD 的纵坐标距离 $\delta_{\text{全}}$ 为最远,即为溜板在全行程内的不直度误差,如果要求 1 000 mm 行程内的不直度误差,则把每个行程为1 000 mm 之间的两端点相连,作为该 1 000 mm 行程中的基准线,找出这 1 000 mm 行程中的不直度误差,然后取各个 1 000 mm 行程的不直度误差中的最大值,即 1 000 mm 行程内的不直度误差,如图 2.4-2 中的 $\delta_{m1} > \delta_{m2}$,则 δ_{m1} 即为 1 000 mm 行程内的不直度误差。

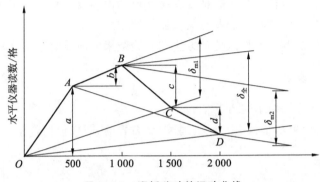

图 2.4-2　溜板移动的运动曲线

如曲线不在两端点连线的同一侧时,则取其包容线间的最大坐标距离为不直度误差。

对溜板行程≤1 000 mm 的普通车床。

第一项精度允差:每 1 000 mm 行程上精度允差为 0.02,全行程上精度允差为 0.02(普通导轨只许凸)。

(2) 第二项:溜板移动的倾斜

检验方法:在溜板平面上放一个和床身导轨垂直的水平仪。移动溜板,每隔 200 mm 记录一次水平仪读数,在溜板全行程上进行检验,见图 2.4-3。

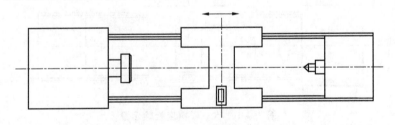

图 2.4-3　第二项精度检验示意

水平仪在每 1 000 mm 行程和全行程上读数的最大代数差值即为本项检验的误差。

第二项精度允差:每 1 000 mm 行程上精度允差为 0.03/1 000,全行程上精度允差为0.03/1 000。

(3) 第三项:溜板移动在水平面内的不直度

检验方法:在前后顶尖间,顶紧一根检验棒,是圆柱的。将千分表固定在溜板上,千分表测头顶在检验棒的侧母线上。调整尾座,使千分表在检验棒两端的读数相等。移动溜板,分段记录千分表读数。在溜板的全行程上进行检验,见图 2.4-4。

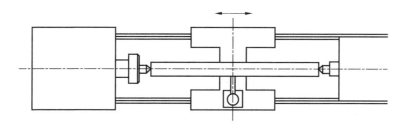

图 2.4-4　第三项精度检验示意

根据各段行程所测得的千分表读数绘制运动曲线,即可找出每 1 000 mm 行程和全行程上的不直度误差。

第三项精度允差:每 1 000 mm 行程上为 0.015,全行程上为 0.015。

(4) 第四项:主轴锥孔中心线的径向跳动

本项精度是指主轴锥孔中心线在空载时缓慢旋转一周过程中的最大径向跳动量,这项误差主要来自主轴零件的制造误差、主轴轴承误差、装配棒和检验棒本身的制造误差(主要是检验棒的被测部分与其锥体中心线的不同轴度)等综合因素。

通常主轴锥孔中心与主轴旋转中心线不仅不同轴而且不平行,因此为了限制这 2 个方面的误差,在精度标准上规定必须在 2 个轴向位置上测定,一个位置是靠近主轴端部的点 a,另一位置是距离点 a300 mm 处的点 b。

检验方法:在主轴锥孔中紧密地插入一根检验棒,将千分表固定在机床上,使千分表测头顶在检验棒的表面上,旋转主轴,分别在点 a,b 检验径向跳动,见图 2.4-5。

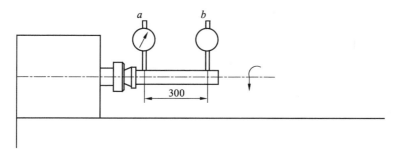

图 2.4-5　第四项精度检验示意

为了排除检验棒本身的误差,在检完一次后,拨出检验棒,旋转 180° 后再插入主轴锥孔,然后按照上述方法再检验一次,取每处的二次千分表读数的代数平均值,即为其径向跳动的数值。

第四项精度允差:点 a 处精度允差为 0.01,点 b 处精度允差为 0.02。

(5) 第五项:溜板移动对主轴中心线的不平行度

溜板移动轨迹是一条空间曲线,它和主轴中心线的不平行度要在垂直面和水平面 2 个方向来表示,因此精度标准上规定要在垂直方向 a 和水平方向 b 分别进行测定。

检验方法:在主轴锥孔中紧密地插入一根检验棒,将千分表固定在溜板上,使千分表测头顶在检验棒表面上,移动溜板,分别在上母线 a(即垂直方向)和侧母线 b(即水平方向)上检验,见图 2.4-6,检验长度为 300 mm。

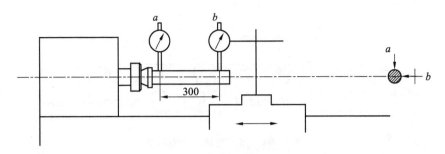

图 2.4-6 第五项精度检验示意

为了排除主轴锥孔和检验棒本身的径向跳动误差,在检验一次后,将主轴连检验棒一起旋转 180°,然后按照上述方法再检验一次,取每个方向的二次千分表读数的代数平均值,即为本项检验误差。

第五项精度允差:a 方向精度允差为 0.03(只许向上偏);b 方向:精度允差为 0.015(只许向前偏)。

【附】 机床几何精度测量实验报告

一、实验目的

二、实验设备

三、实验原理

四、实验数据记录、曲线绘制及分析

1. 溜板移动在垂直平面内的不直度

(1) 将溜板移动在垂直平面内的不直度结果记录于表 2.4-1。

表 2.4-1 溜板移动在垂直平面内的不直度结果

合象水平仪读数	溜板位置
6	
5	
7	
4	

(2) 绘图。

根据实验结果绘制测量点位置与水平仪读数对应关系曲线。

2. 溜板移动的倾斜

将溜板移动的倾斜的实验结果记录于表 2.4-2。

表 2.4-2　溜板移动的倾斜结果

合象水平仪读数	溜板位置
3	
4	
2.5	
5	

3. 溜板移动在水平面内的不直度

将溜板移动在水平面内的不直度实验结果记录于表 2.4-3。

表 2.4-3　溜板移动在水平面内的不直度结果

千分表读数	溜板位置
8	
7	
9	
6	

4. 主轴锥孔中心线的径向跳动

将主轴锥孔中心线的径向跳动实验结果记录于表 2.4-4。

表 2.4-4　主轴锥孔中心线的径向跳动结果

读数	第一次	旋转 180°	平均
千分表读数 a	5	7	
千分表读数 b	6	8	

5. 溜板移动对主轴中心线的不平行度

将溜板移动对主轴中心线的不平行度实验结果记录于表 2.4-5。

表 2.4-5　溜板移动对主轴中心线的不平行度结果

读数	第一次	旋转 180°	平均
千分表读数 a 上母线	5	7	
千分表读数 b 侧母线	9	6	

课程三　机械故障诊断技术

❋　实验一　数控机床振动测量和故障分析　❋

一、实验目的

(1) 在不同转速下,测量平衡刀柄、不平衡刀柄在机床上空转及在切削加工中的振动信号,分析和比较各个振动信号的特点,评判各工况条件下振动的优劣状况。

(2) 用锤击法测量刀具进给方向和垂直方向的动态传递信号,采用专业软件预测产生切削颤振的切削条件,预测切削用量产生加工振动故障的趋势。

二、实验设备

(1) 加工中心(马扎克 VTC-16A)。

(2) BT 刀柄＋自制平衡环装置。

(3) ϕ 10 mm 平底立铣刀(3 刃)。

(4) 力锤、压电传感器、数据采集卡等。

(5) CutPro 切削过程动力学仿真软件。

(6) 加工工件的材料:铝合金。

三、实验内容

(1) 将平衡好的 BT 刀柄(包含刀具)安装在加工中心主轴内,分别测试转速为 1 000,3 000,5 000,7 000 r/min 时的振动信号,记录各自的时域和频谱图,并分析振动信号。

(2) 将 BT 刀柄不平衡量调整至 50 g · mm,按照步骤(1),测试各个转速下的振动信号,并进行分析。

(3) 将切削深度调整为 1 mm,全宽切削,进给速度为 200 mm/min,按照上述步骤,测试各个转速下的振动信号。

(4) 利用锤击法,分别测试刀尖处 X 和 Y 方向的动态响应信号,借助 CutPro 动态仿真软件,根据测试得到的稳定性叶瓣图,预测高速条件下,避免颤振的切削条件(切削深度和主轴转速)。

四、实验数据

1. 实验条件和参数

将实验条件和参数填写至表 3.1-1 中。

表 3.1-1　实验条件和参数

机床	机床型号		刀柄	刀柄型号	
	数控系统			刀柄/主轴的联接方式	
	主轴最高转速			刀夹	
刀具	刀具材料		传感器 1（用于测量振动）	类型	
	刀具型号			型号	
	刀具悬伸/mm			灵敏度系数	
工件	材料		其他条件	振动分析软件	
	切削宽度/mm			采样频率/Hz	
	切削方式			分析范围/Hz	

2. 数据记录和计算

测量刀具转速为 1 000，3 000，5 000，7 000 r/min 时的平衡刀柄和刀具空运转振动信号，并记录和填写表 3.1-2。

表 3.1-2　平衡刀具空运转振动信号

转速/(r/min)	转频/Hz	加速度最大幅值/(m/s^2)	速度最大幅值(mm/s)	频谱（1 000 Hz 以内主要频率对应的振动幅值/(m/s^2)）					
				1×R	2×R	3×R	4×R	5×R	6×R
1 000									
3 000									
5 000									
7 000									

将转速为 7 000 r/min 时平衡刀柄振动的时域图和频谱图（1 000 Hz 以内）贴出，如图 3.1-1 所示。

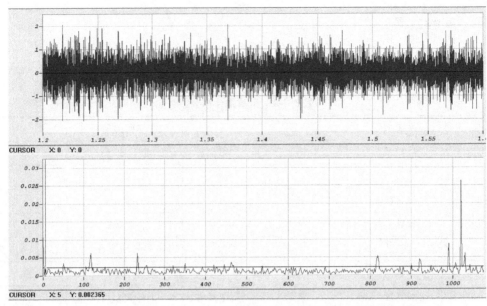

图 3.1-1　转速为 7 000 r/min 时平衡刀柄振动时域图和频谱图（示例）

（2）依次测量刀具转速为 1 000，3 000，5 000，7 000 r/min 时的不平衡刀柄和刀具空运转振动信号，并进行记录和填写表 3.1-3。

表 3.1-3　不平衡刀具(50 g·mm)空运转振动信号

转速/ (r/min)	转频/ Hz	加速度 最大幅值/ (m/s²)	速度 最大幅值 (mm/s)	频谱(1 000 Hz 以内主要频率对应的振动幅值/(m/s²))					
				1×R	2×R	3×R	4×R		
1 000									
3 000									
5 000									
7 000									

将转速为 7 000 r/min 时不平衡刀柄振动的时域图和频谱图（1 000 Hz 内）贴出，如图 3.1-2 所示。

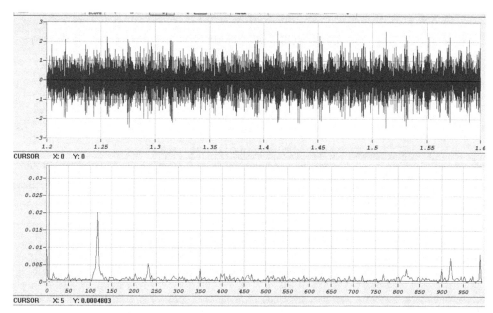

图 3.1-2　转速为 7 000 r/min 时不平衡刀柄振动时域图和频谱图(示例)

(3) 测量刀具转速为 1 000,3 000,5 000,7 000 r/min 时的不平衡刀柄和刀具加工振动信号,并进行记录和填写表 3.1-4。

表 3.1-4　不平衡刀具(50 g·mm)切削振动信号(切深 1 mm,进给速度 200 mm/min)

转速/ (r/min)	转频/ Hz	加速度 最大幅值/ (m/s²)	速度 最大幅值/ (mm/s)	频谱(1000Hz 以内主要频率对应的振动幅值/(m/s²))				
				1×R	2×R	3×R	4×R	
1 000								
3 000								
5 000								
7 000								

(4) 利用锤击法,分别测试刀具在刀尖处 X 和 Y 方向的动态响应信号,借助 CutPro 动态仿真软件,绘制出稳定性叶瓣图,并判断刀具在不同转速下最优的切削深度。

五、注意事项

(1) 加工中心的操作均有教师负责,不经同意不能随意按机床面板上的按钮和开关。

(2) 刀具高速旋转时必须关上机床防护门。

(3) 传感器粘贴必须牢固,不得有松动。

(4) 锤击时必须按照操作规范来获取振动信号。

 **思考题**

1. 简述振动测试法对机械设备故障诊断的作用和意义。

2. 简述常见机床加工振动中的类型、产生原因和相应的预防和抑制措施。

3. 根据实测强迫振动项目的时域图和频谱,简述刀具不平衡状态在空转和切削时对机床振动的频谱特点,根据实际的振动速度有效值判断设备的优劣。

4. 根据实测自激振动项目获得的切削稳定叶瓣图,提出合理的切削条件和建议。

【附】

机床振动评定标准(摘自:ISO2372,10~1000 kHz)

振动强度范围			机械设备分类					
分级范围	振动速度有效值 v_{rms}/(mm/s)	dB	Ⅰ类	Ⅱ类	Ⅲ类	Ⅳ类	Ⅴ类	Ⅵ类
0.11	0~0.11	81	A	A	A	A	A	A
0.18	0.11~0.18	85	A	A	A	A	A	A
0.28	0.18~0.28	89	A	A	A	A	A	A
0.45	0.28~0.45	93	A	A	A	A	A	A
0.71	0.45~0.71	97	A	A	A	A	A	A
1.12	0.71~1.12	101	B	A	A	A	A	A
1.80	1.12~1.80	105	B	B	A	A	A	A
2.80	1.80~2.80	109	C	B	B	A	B	A
4.50	2.80~4.50	113	C	C	B	B	B	B
7.10	4.50~7.10	117	C	C	C	B	C	B
11.20	7.10~11.20	121	D	C	C	C	C	C
18.00	11.20~18.00	125	D	D	D	C	D	C
28.00	18.00~28.00	129	D	D	D	D	D	D

说明:① 用 X,Y,Z 3 个方向测得的振动速度有效值 v_{rms} 作为评价指标;

② 表中Ⅰ类是指小型机械(15 kW 以下的电动机等);

③ 标准等级是按振动强度分成四级:A 级—良好;B 级—允许;C 级—较差;D 级—不允许;

④ 本实验测试的是加速度振动值,单位为 m/s²,而机床振动优劣评价采用振动速度值,单位为 mm/s;可根据两者的关系加速度 $a=2\pi fv/1\,000$(其中 f 为主轴转频,v 为振动速度)进行换算。

✵ 实验二　机床噪声测试与故障分析 ✵

一、实验目的

（1）掌握机床噪声的测量方法及有关仪器的使用方法。
（2）掌握车床噪声的分析方法和噪声源模式的识别方法。
（3）了解车床噪声信号分析软件设计。

二、实验设备

（1）CA6240 车床。
（2）HS6288B 型噪声频谱分析仪（一种袖珍式的智能化噪声测量仪器）。

三、设备的操作方法

1. 面板与开关操作说明

HS6288B 型噪声频谱分析仪控制面板如图 3.2-1 所示。

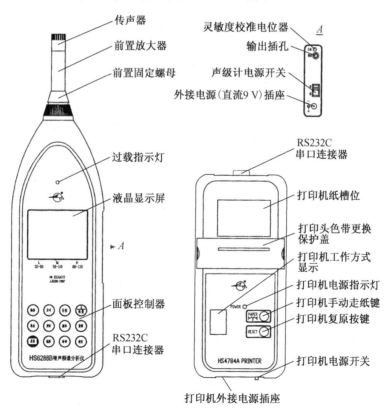

图 3.2-1　HS6288B 型噪声频谱分析仪控制面板

2. 使用前准备

① 安装传声器：打开包装盒，取出传声器，对准前置级头子螺纹口顺时针旋紧，不可摔扔或将传声器的金属保护栅旋下。分析仪长期不用时将传声器旋下放回包装盒内，有条件者可放置在干燥箱中保管。

② 如果用户配置延伸电缆，只需拧松前置固定螺母，将前置级拔出，并按照定位槽口配合装入延伸电缆一端，而在另一端装上传声器即可。

③ 通电检查：开启分析仪右侧面处的电源开关，显示器应显示 A 声级、F 快特性，显示模拟表针刻度（如果显示器左面出现"Batt"字符，表示电池电量不足，应及时更换电池），此时若增大声压，相应数据跟随变化则表示通电正常。

④ 声校准：将声级校准器(94 dB,1 kHz)安装在传声器上，使其不振不晃，开启校准器电源，分析仪计权设置为 A、C 或 Lin，声压级读数应为 93.8 dB，否则调节分析仪右侧面的灵敏度调节电位器，校准完成后取下校准器。如果使用活塞发生器(124 dB,250 Hz)，分析仪计权必须设置为 C 或 Lin，高量程，校准读数应为 124 dB。

3. 时钟设置

开启分析仪电源开关或按【复位】键，分析仪工作在初始状态，按【时钟】键，显示器显示时钟"时:分"，再按【时钟】键设置时钟，设置时显示格式为 $n-xx$，左边 n 为 $1,2,\cdots,6$，分别表示年、月、日、时、分、秒，右边的"xx"就是所要设置的数值，按【时钟】键改变左边的数字，按【↑】改变右边的数字，当左边显示"6"时按【时钟】键完成设置。

如果在设置过程中按【运行】键，则分析仪退出时钟设置状态，并且不保存设置值。

4. 瞬时声级测量

① 开启分析仪电源开关或按【复位】键，分析仪工作在初始状态，工作方式即为瞬时 A 声级、F 快特性、中量程测量，测量数据为所测 A 声级值。如果要测 C 声级，则按【计权】键，使液晶显示器显示"C"，测量数据即为 C 声级值；如果按【计权】键，使液晶显示器显示"Lin"，测量数据即为线性声级值；如果读数变化较大，可按面板【快慢】键，显示"S"，即用慢挡时间计权进行测量；如果声级过高，过载指示灯亮，则按【量程】键使仪器置于高量程；如果声级太低（显示"Range"），则按【量程】键使仪器置于低量程。

② 按【保持】键，显示"HOLD"，分析仪处于最大值保持测量状态。这时，只有在更大声级时，该读数才会改变（升高），否则将予以保持，再按【保持】键"HOLD"消失，分析仪又回到测量瞬时声级状态，再按该键"HOLD"又出现，可再次进行最大值测量。瞬时声级测量时还可以利用动态条图观察声级变化。

5. 测量 L_{eq},L_{AE},SD,L_{max},L_{min},L_N(L_{95},L_{90},L_{50},L_{10},L_5)等数据

（1）自动测量

分析仪工作在初始状态时，按【定时】键设置测量时间(10 s,1 min,5 min,10 min,15 min,20 min,1 h,8 h,24 h)，按【选择】键选择测量内容(L_{eq},L_{AE},SD,L_{max},L_{min},L_{95},L_{90},L_{50},L_{10},L_5)，按【运行】键开始测量，到测量时间结束后，分析仪即显示所测内容。测量结束后也可按【选择】键查看数据。此时按【运行】键可再次进行定时自动测量。

（2）手动测量

分析仪工作在初始状态时，按【定时】键设置测量时间，按【运行】键后开始测量，到一定

时间后再按【运行】键,分析仪即暂停测量并显示数据,可按【选择】键查看数据,此时的数据并不保存,如果按【运行】键,则继续测量,如果不按【运行】键而按【输出】键,则显示"SAVE",分析仪存储数据并结束本次测量。

6. 滤波器选频测量

滤波器选频测量一般在线性计权下进行,即分析仪工作在初始状态时,按【计权】键选择线性,使显示"Lin",然后按【频率】键,选择滤波器测量(中心频率分别为(31.5,63,125,250,500,1 000,2 000,4 000,8 000 Hz),此时显示的数据为对应频率点的声级值。

7. 整时 24 小时自动测量

分析仪工作在初始状态时,按【方式】键,显示"Regular",表示 24 小时整时测量,此时按【定时】键可以选择每个小时的测量时间(10 s,1 min,5 min,10 min,15 min,20 min,1 h),按【运行】键后开始测量,每个小时计算一组数据,等到 24 组数据都采集完后计算出 L_{dn}, L_d, L_n 并且存储所有数据。

8. 滤波器自动测量

分析仪工作在初始状态时,按 2 次【方式】键,显示器下方显示所有频率点,表示滤波器自动测量,此时按【定时】键可以选择每个频率点的测量时间(10 s,1 min,5 min,10 min,15 min,20 min,1 h),按【运行】键后开始测量,分析仪每测完一个点(包括滤波器自动测量时的线性,线性时显示所有频率字符,不显示频率字符下方对应的点),就计算出 L_{eq} 值,然后测量下一个频率点,全部测完后存储数据。

9. 清除测量数据

按住【运行】键后,再按【复位】键,最后松开【运行】键,液晶屏显示"CL 1",此时按【↑】键,液晶屏右边分别显示"2,3,A,1"循环,右边为"1,2,3,A"时按【运行】键,则分别清除单组数据、整时测量数据、滤波器自动测量数据和所有测量数据。

10. 输出测量数据

(1) 通过液晶屏查看测量数据

如果分析仪中没有存储测量数据,则操作后显示"No"后退出。

查看数据时都可以通过按【时钟】键查看数据测量的起始时间,查看整时测量的时间为开始测量的时间即第一组测量的起始时间,查看滤波器自动测量的时间为第一点即自动测量中线性测量的起始时间。

① 查看单组数据。按【输出】键和【↑】键,使显示"1—1",按【运行】键后显示组号,按【↑】键可以选择组号,按【运行】键后显示对应组号的数据,此时按【选择】键可以查看数据,按【运行】键则退出查看。

如果要一次查看所有数据,则按【↑】键选择组号时使显示"ALL",按【运行】键后显示第一组数据,按【输出】键后显示后面组数的数据,此时按【选择】键可以查看数据,按【运行】键则退出查看。

② 查看整时测量数据。按【输出】键和【↑】键,液晶屏显示"1—2",按【运行】键后显示组号,按【↑】可以选择组号,按【运行】键后先显示"A"再显示数据,表示显示的是对应组号的整时测量的总数据,按【选择】键查看数据(包括 L_{dn}, L_d, L_n),再按【运行】键后先显示"1"

再显示数据,表示显示的是对应组号的整时测量的第一组数据,依次类推可以查看所有整时测量的数据。

③ 查看滤波器自动测量数据。按【输出】键和【↑】键,使显示"1—3",按【运行】键后显示组号,按【↑】可以选择组号,按【运行】键后显示对应组号的数据,此时按【频率】键可以查看每个频率点的数据,按【运行】键则退出查看。

如果要一次查看所有数据,则按【↑】键选择组号时使显示"ALL",按【运行】键后显示第一组数据,按【输出】键后显示后面组数的数据,此时按【选择】键可以查看数据,按【运行】键则退出查看。

(2) 用 HS4784 打印机打印测量数据

先通过串口把分析仪和 HS4784 连接起来,可以直接连接,也可通过打印电缆连接,打开 HS4784 打印机电源(打印机必须接有外接电源或事先充电),最后打开分析仪的电源。

① 打印单组数据。按【输出】键和【↑】键,使显示"2—1",按【运行】键后显示组号,按【↑】键可以选择组号,按【运行】键后打印出对应组号的数据。

如果要进行选择打印,按【↑】键选择组号时使显示"S—E",按【运行】键后显示"S 1",表示起始组号为 1,按【↑】键选择起始组号,按【运行】键后显示 E n,表示结束组号为 n,按【↑】键选择结束组号,按【运行】键后开始打印出所选择的数据。

② 打印整时测量数据。按【输出】键和【↑】键,使显示"2—2",其余操作如单组打印,但每次只能打印一组整时测量数据。

③ 打印滤波器自动测量数据。按【输出】键和【↑】键,使显示"2—3",其余操作如单组打印。

(3) 测量数据传输给计算机处理

先通过串口用打印电缆把分析仪和计算机连接起来,打开分析仪的电源,先在计算机上运行随分析仪所带的数据处理软件。

① 传输单组数据。按【输出】键和【↑】键,使显示"3—1",按【运行】键后传输数据。

② 传输整时测量数据。按【输出】键和【↑】键,使显示"3—2",按【运行】键后传输数据。

③ 传输滤波器自动测量数据。按【输出】键和【↑】键,使显示"3—3",按【运行】键后传输数据。

四、实验步骤

(1) 测试环境、条件及测点位置。

为了避免反射声对测量结果的影响,规定机床外廓到主要反射表面(如墙壁)的距离应不小于 2 m,由于机床噪声的测量会受到周围环境噪声及仪器自身噪声的影响,因此本底噪声级至少应比所测机床噪声低 10 dB 以上,否则按表 3.2-1 进行修正。测量前机床应空运转 20 min 达到热稳定后进行测量,测量过程中本底噪声应稳定。

表 3.2-1 测量修正值

机床噪声高出本底噪声级数/dB(A)	从测量值中减去噪声级数/dB(A)
≤3	3
4~5	2
6~9	1
≥10	0

传声器的位置不同,对同一噪声源测得的结果是不同的。因此要求传声器面向被测机床,并与水平面平行,在距地面 1.5 m 高度,距机床外轮廓 1 m 处的包络线上(小型机床为 0.5 m)放置传声器,测点不少于 4 点,每相邻的 2 个点间的距离不超过 2 m,若 2 个测点测出的声压级差在 5 dB 以上,则应增加测点,以各测点中测得的最大读数作为机床的噪声级。

(2)绘制测量位置的草图。

(3)在各个测点测量整机噪声。

主轴可取最高转速,进给量取中等以上,取其中读数值最大的测点为固定测量点,测量时使"计权网络"开关置于"线性"位置,即为被测声压级。

(4)测量本底噪声。

(5)在固定测点上测得机床各级转速下的声压级。

(6)在固定测点上,主轴为最高转速时,测量主轴箱噪声频谱,进行倍频程测量。

五、实验内容

1. 车床噪声信号综合分析实验

对 CL6240 车床在转速为 1 500 r/min 时的噪声信号进行分析(这个噪声样本信号未参与标准模式的构建),实测的车床主轴转速为 1 496 r/min,车床主运动链传动图如图 3.2-2 所示,由图 3.2-2 可以知在主轴转速为 1 500 r/min 时车床主运动链为:电动机 (1 440 r/min)→带传动(143—207)→$\frac{55}{44}$齿轮对→$\frac{48}{40}$齿轮对→主轴。轴的旋转频率和齿轮啮合如表 3.2-2 所示,在表 3.2-2 中第一行表示轴和啮合的齿轮对,例如,55∶44 表示啮合的一对齿轮,Ⅰ 轴上的齿轮齿数为 55,Ⅱ 轴上的齿轮齿数为 44,第二行为对应轴或齿轮的啮合频率。

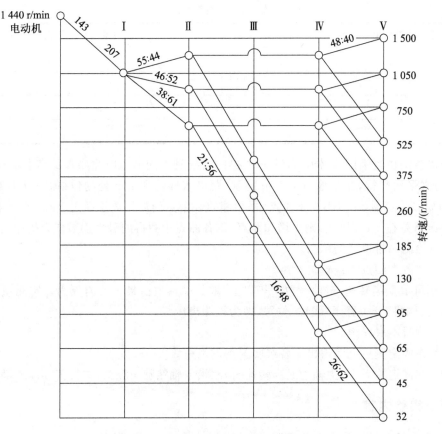

图 3.2-2　CL6240 车床主运动链传动图

表 3.2-2　各轴的旋转频率和齿轮啮合频率　　　　　　　　　　　　Hz

Ⅰ轴	55：44	Ⅱ轴	0：0	Ⅲ轴	0：0	Ⅳ轴	48：40	Ⅴ轴
16.62	914.22	20.78	0.00	0.00	0.00	20.78	997.33	24.93

　　由时域波形图 3.2-3 可知存在明显的调幅现象,峭度指标值约为 4(一般峭度指标值约为 3),由此可判断车床主轴箱存在局部缺陷。首先采用功率谱分析,功率谱图 3.2-4 有 2 个峰值频率:峰值频率 936.05 Hz 对应的噪声值为 89.85 dB;峰值频率 1 021.93 Hz 对应的噪声值为 78.76 dB。结合车床主运动链传动图 3.2-2 和特征频率初步判断 55：44 齿轮对出现了故障,936.05 Hz 的频率是由 55：44 齿轮对的啮合频率 914.22 Hz 与Ⅱ轴旋转频率 20.78 Hz 调制产生的,1 021.92 Hz 的频率是由 55：44 齿轮对的啮齿合频率 914.22 Hz 与Ⅱ轴旋转频率的 5 倍频调制产生的。

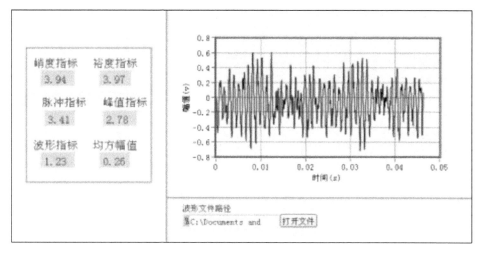

图 3.2-3　时域波形图

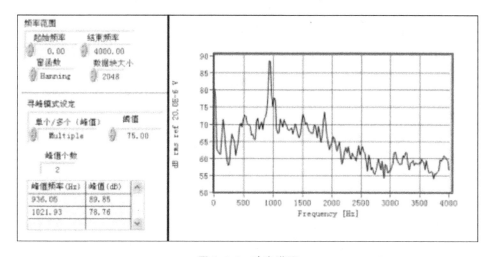

图 3.2-4　功率谱图

由图 3.2-5 可知,调制频率为 21.53 Hz,从而证实初步判断的调制频率是正确的。将功率谱细化,细化频率范围为 800～1 200 Hz,细化谱线条数为 40,频率分辨率为 10 Hz,重叠率为 50%。由图 3.2-6 可知最高噪声值对应的频率为 933.523 Hz,比特率谱分析得到的 936.05 Hz 更加接近 55∶44 齿轮对的啮合频率 914.22 Hz 与 Ⅱ 轴旋转频率 20.78 Hz 的调制,也进一步证实了初步判断的正确性。由上述分析可知是 55∶44 齿轮对出现了故障,从调制频率可以进一步判断是 Ⅱ 轴上齿数为 44 的齿轮出现了故障。打开床头箱更换该齿轮,更换齿轮后再次在同等条件下采集车床噪声信号,对采集到的车床噪声信号进行功率谱分析,其功率谱图如图 3.2-7 所示。由图 3.2-7 可知车床噪声声压级最高不超过 80 dB,符合国际规定的车床出厂前最高声压级不超过 83 dB 的要求。

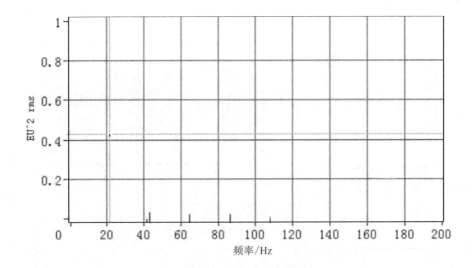

图 3.2-5　解调谱图

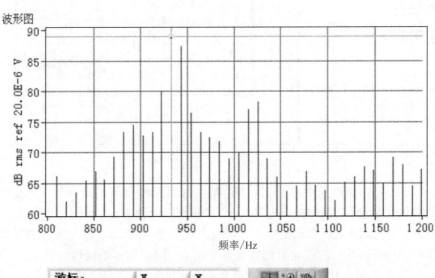

图 3.2-6　细化功率谱图

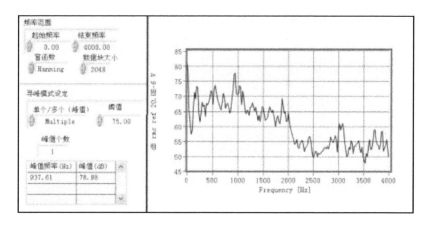

图 3.2-7　更换齿数为 44 的齿轮后车床噪声信号功率谱图

　　由上述分析结果可知,与功率谱分析法相比,综合分析能更加全面地分析车床噪声信号,可提高分析的准确性和可靠性,能为车床噪声源识别和故障诊断提供更多、更完整的信息。

　　2. 小波包与灰色理论相结合的车床噪声源识别实验

　　对车床噪声信号综合分析的车床噪声样本信号采用小波包与灰色理论相结合的车床噪声源识别法进行识别,由图 3.2-8 可知前 4 个频率的能量为 $X_R = \begin{pmatrix} S_{50} & S_{51} & S_{52} & S_{53} \\ 22.857 & 53.88 & 3.737 & 15.387 \end{pmatrix}$,取分辨系数 $\rho = 0.4$,利用关联系数和关联度计算公式可以得到关联度计算结果 $r_A = \begin{pmatrix} 0.811 & 0.649 & 0.600 \\ Y_1 & Y_2 & Y_3 \end{pmatrix}$,进行关联度排序后可以得知噪声信号样本与 Y_1 属于同一类,可知 Y_1 是 55：44 齿轮对故障。由图 3.2-8 上可知,小波包与灰色理论相结合的车床噪声源识别法也得出的结论与车床噪声信号综合分析的结果是一致的。

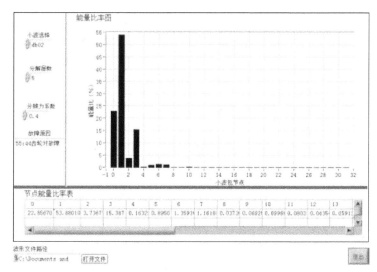

图 3.2-8　声压级超标车床噪声源识别结果

对采集到的任意一个车床噪声信号样本(噪声信号样本未参与标准模式构造)进行分析。首先采用小波包与灰色理论相结合的车床噪声源识别法,如图 3.2-9 所示,车床噪声信号样本前 4 个频带的能量为 $X_R = \begin{pmatrix} S_{50} & S_{51} & S_{52} & S_{53} \\ 36.767 & 46.233 & 2.473 & 10.728 \end{pmatrix}$,同样取分辨系数 $\rho = 0.4$,利用关联度计算公式可得到关联度为 $r_A = \begin{pmatrix} 0.560 & 0.629 & 0.720 \\ Y_1 & Y_2 & Y_3 \end{pmatrix}$,可以看到噪声信号样本与 Y_3 属于同一类。由标准模式表可知,该车床噪声声压级不超标,所设计的分析程序给出了无故障的结论。再用功率谱分析,从图 3.2-10 可知功率谱分析的结果,最高噪声声压级不超过 80 dB,符合国际规定的车床出厂前最高声压级不超过 83 dB 的要求。功率谱分析法和小波包与灰色理论相结合的车床噪声源识别法得出的结论是一致的。

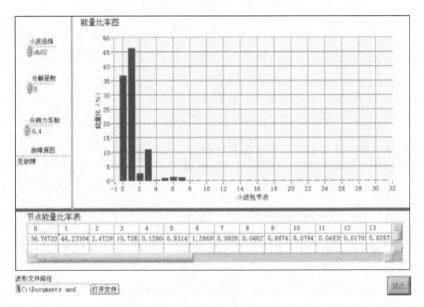

图 3.2-9 声压级不超标车床噪声源识别结果

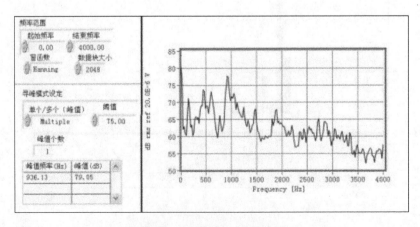

图 3.2-10 车床噪声信号功率谱图

小波包分解是一种有效的分析车床噪声信号的手段,能很好地提取噪声信号在各个频带上的特征信息。小波包分解与灰色故障诊断理论相结合的车床噪声识别法与常用的频谱分析法相比具有以下优点:

① 操作简便,不需要测量车床主轴的实际转速,操作者可不具备频谱分析的知识,结论简单明了。

② 计算量小,不需要计算齿轮和轴的特征频率。

③ 可靠性高,不会出现与定性分析不一致的结果。

✺ 实验三　轴承状态监测与故障分析 ✺

一、实验目的

(1) 了解 QPZZ－Ⅱ型旋转机械振动分析及故障诊断试验平台系统的功能、组成和主要技术参数。

(2) 了解滑动轴承磨损和间隙故障。

(3) 了解油膜涡动不稳定的原因。

二、实验设备

(1) 故障诊断试验平台。

(2) 工业控制机。

(3) 测量传感器。

三、实验内容

(一) 故障诊断试验平台系统配置说明

1. 说明

QPZZ－Ⅱ系统可快速模拟旋转机械多种状态及振动,可进行各种状态的对比分析及诊断,特别是各种齿轮轴不对中的模拟试验方法属世界首创。该系统广泛应用于高校、工矿、科研院所的科研、教学、产品开发及人员培训等。日本国际协力机构至今一直使用类似的平台对国际设备诊断高级工程师进行培训,获得良好的效果。

① 滚动轴承故障模拟。可方便地将被测部分的轴承更换成有缺陷的轴承,可模拟的故障有轴承内圈损伤、外圈损伤、滚珠损伤、轴承安装不良、轴承与轴承座之间的松动等。

② 齿轮故障模拟。通过更换有缺陷的齿轮,模拟故障齿轮工作时的状态。

③ 轴系故障模拟。通过调整轴上旋转圆盘上的平衡重量,可以模拟轴不平衡(单面、双面)或叶轮不平衡缺陷,调整轴座底盘的安装位置可以模拟轴安装不对中缺陷。

④ 可变速模拟在不同速度条件下的故障特征,变速范围为 75～1 450 r/min。

2. 组成

QPZZ－Ⅱ系统由变速驱动电机、轴承、齿轮箱、轴、偏重转盘(2 只)、调速器等组成。该系统通过调节配重,调节部分的安装位置及组件的有机组合快速模拟各种故障。系统的机械部分包括被测部件有:有缺陷的轴承(外圈缺陷、内圈缺陷、滚珠缺陷);3 只备件齿轮;旋转圆盘的配重块(在圆盘圆周边缘每隔 10°开一螺孔,用于固定和调平衡用的配重块)。

平台＋有缺陷的轴承＋备件齿轮＋旋转圆盘的配重块＋专用配套工具

3. 主要参数

(1) 旋转机械模拟装置及各部分参数

① 电动机

a. 形式:交流变频电动机。

b. 功率:0.55 kW。

c. 电动机转数:最大转数 1 450 r/min。

d. 电源:单相交流,电压 220 V,频率 50/60 Hz。

e. 速度控制:交流变频控制器。

② 制动器

a. 形式:磁粉离合制动器。

b. 径向加力器。

c. 最大转矩:5 N·m。

③ 齿轮箱

a. 齿轮:大齿轮模数 2、齿数 75、材质 40Cr;小齿轮模数 2、齿数 55、材质 40Cr。

b. 润滑:浸油式。

c. 轴承:滚动轴承(N205)。

④ 旋转圆盘 2 只(产生失衡用圆盘)

a. 形状:$\phi 200 \times 10$ mm×2。

b. 材质:铝。

c. 平衡块的安装:每 10°安装一块。

d. 轴承:马达侧用滚珠轴承;提供检测侧用滚柱轴承 N205。

⑤ 底座

a. 机构:可以用改变中心角的方法调整支点和在±2°范围调整角度(产生基准错位用;有一只百分表调整刻度)。

b. 全钢抗振机座。

(2) 旋转机械模拟装置控制器(见图 3.3-1)

① 电动机速度控制

a. 控制方法:交流变频器单相输入三相输出。

b. 变速范围:75~1 450 r/min。

c. 仪表盘:主电路操作用按钮开关(即光显式按钮开关),其状态用"ON""OFF"表示。带调整转数的变频调节器(有启动开关),带模拟转数计;制动力矩电流调节器(有电源开关)。

d. 速度波动量:±2%以内。

b. 电源:单相交流 220 V,允差±10%,频率为 50/60 Hz。

c. 保护功能:防止主电源电压过高、散热片过热、速度放大器饱和、控制电源异常、电流过大。

② 制动力矩控制

a. 输出电压:最高为直流 0~24 V,最低为直流 0~12 V。

b. 功率:100 W。

c. 电源:单相交流,200/220 V,频率 50/60 Hz。

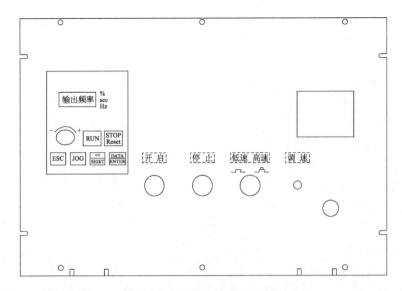

图 3.3-1　旋转机械装置控制器

(二) 故障模拟试验平台操作说明

故障模拟试验平台如图 3.3-2 所示。

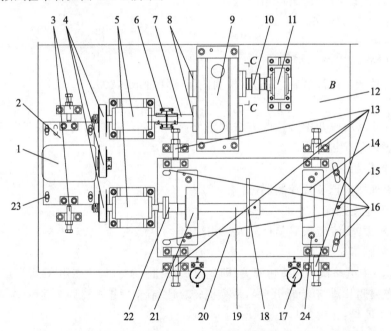

1—三相交流变频电动机;2—电动机安装基座;3—电动机位置调节螺栓;4—同步皮带轮;5—传动轴支座;6,10—联轴器;7—传动齿轮轴;8—轴承压盖;9—齿轮箱;11—磁粉扭力器;12—试验平台底座;13—轴系平台位置调节螺栓;14—轴承更换端轴承座;15—轴系平衡定位销;16—轴系平台紧固螺栓;17—百分表;18—旋转圆盘;19—旋转轴;20—轴系平台;21—轴承座;22—刚性连轴器;23—电动机底板紧固螺栓;24—轴承座紧固螺栓

图 3.3-2　试验平台平面示意图

开始工作前要确认以下事项,并使其处于工作的初始状态:

① 使制动器的电源处于"OFF"状态。

② 关闭所有旋钮。

③ 旋钮部件套上护罩。

④ 底座调成 0°位置。

⑤ 把松的螺母拧紧。

1. 开机

(1) 接通电源,面板"停止"红色按钮指示灯亮。

(2) 将变频器上旋钮调至"一"位,调速旋钮调零。

(3) 按下"开启"绿灯亮。

(4) 按下"RUN"变频器输出开启,电动机启动。

微调变频旋钮至所需输出频率。

2. 关机

(1) 变频旋钮归零。

(2) 按下"STOP"变频器输出关闭,电动机停止。

(3) 按下"停止"关闭电源,红灯亮。

注意:"停止"可用作急停按钮。

3. 试机

试机时,请进行如下检查:

(1) 检查各螺栓、螺钉是否松动。

(2) 检查电机绝缘电阻(电压 500 V 兆欧表,电阻大于 20 MΩ 为正常)是否合适。

(3) 检查各部分布线有没有错误。

(4) 做空载运行,看旋转方向是否正确。

(5) 做短时间 1~2 h 运行,检查机械的振动、噪音及温升情况,如果有什么异常,电动机进行单独运行,查找问题是出在电动机侧还是机械侧。

4. 操作

1) 非平衡侧运转时的操作方法(在正常运转状态)

(1) 确认同步皮带装在非平衡圆盘旁边,若装在齿轮侧时,用下述方法把同步皮带换在非平衡圆盘侧。

① 松开电动机底板的固定螺栓。

② 旋转紧固螺栓,松开皮带,并拆下来。

③ 旋转紧固螺栓,换上同步皮带。

④ 旋转紧固螺栓,调整皮带张力(用手指按,沉下 10 mm 左右的程度)。

注意:皮带张力过大会发出异常声音。

⑤ 拧紧在步骤①松开的螺栓。

(2) 接通电源,这时控制盘主电路红色停止按钮灯亮。

(3) 按下"开启",这时控制盘的绿色"开启"按钮灯亮。

(4) 一边看转数,一边转动控制速度的"变频旋钮",将其增到希望的转数值。

2）非平衡状态

正常运转被确认之后，关闭主电路的电源，按照以下方法操作：

① 去掉护罩。

② 利用螺钉、螺母把附件平衡块装在旋转圆盘上。

③ 把步骤①中去掉的护罩装上。

④ 接通主电路电源使非平衡圆盘旋转。

3）制造松动状态

正常运转形成之后，关闭主电路电源，按照下面方法操作：

① 确认前面讲的非平衡发生状态。

② 松开提供检测轴承两处螺栓，使它发生松动。

4）制造基准错位状态时

正常运转状态形成被确认之后，关闭主电路电源，按照如下方法操作：

① 取出定位销。

② 松动 4 个固定螺栓的地方。

③ 松动轴系底座 4 个紧固螺栓的地方。

④ 把右上角的螺钉转动推动轴系平台转动一定角度。

⑤ 把步骤①中松开螺栓的 4 个固定螺栓拧紧。

⑥ 把步骤②中松开的螺栓拧紧。

⑦ 接通主电路电源，使装置开动起来。

5）换成有缺陷的轴承时

正常运转形成被确认后，关闭主电路电源，按下述方法操作：

① 把检测端轴承座处的轴承外圈压盖螺栓松开，拆下轴承外圈压盖。

② 取出轴承外圈。

③ 把轴承内圈压盖处的螺栓松开，拆下压盖。

④ 把轴承的内圈部分取下。

⑤ 换上有缺陷的轴承。

⑥ 把前面拆下的部件按顺序装上。

⑦ 接通主电路电源，把装置开动起来。

6）齿轮侧运转时的操作方法（正常状态）

（1）确认一下同步皮带是否装在齿轮旁边；同步皮带在非平衡圆盘侧安装时，要用下述方法将其安装在齿轮侧：

① 松开底板的螺栓。

② 转动紧固螺栓，松开皮带，卸下来。

③ 转动紧固螺栓，更换皮带。

④ 转动螺栓，调节皮带的张力（用手指按，沉下 10 mm 左右的程度）。

注意：过分张紧皮带会发出异常声音。

⑤ 拧紧①中松开的螺栓。

（2）接通电源；控制盘"停止"按钮红灯亮。

（3）按下"开启"绿灯亮，"停止"按钮红灯熄。

（4）按下"高速、低速"开关，白色灯亮。

（5）按下调速面板"ESC"，显示"F1.00"。

（6）转动调速至显示"F1.24"。

（7）按下"ENTER"。

（8）转动调速，把转速设定在希望的值上。

（9）按下"ENTER"按钮后，按下"RUN"按钮运行。

（10）把制动器的电源接通，调节制动力矩的水平，给齿轮加负荷。

7）换成有缺陷的齿轮时

确认运行正常之后，关掉主电路电源，按照以下方法进行操作：

①　把磁粉扭力器紧固在试验平台底座上的 4 个螺丝卸下，向后拉，使磁粉扭力器与齿轮箱分离。

②　把 4 处轴承压盖的螺栓松开卸下，把齿轮箱的 6 处螺栓松开，拆下齿轮箱盖。

③　把联轴节齿轮侧的止动轮卸下，挪开轴套。

④　拆下轴（连同轴承、齿轮、轮毂一起）把轴附件（包括轴承、有缺陷齿轮、轮毂）装进齿轮箱。

⑤　装上中挪开的联轴节轴套，安上止动轮。

⑥　装上②中拆下的齿轮箱盖。

⑦　接通主电源，启动。

⑧　一边看着转速表，一边转动控制速度的粗调电钮，把转速调到希望的值。

⑨　接通制动器电源，调节制动力矩的水平选择高或者低，给齿轮加负荷。

⑩　制动力矩的输出电流，要设定在 0.2 A 以下。

模 块 B

数控类实验

课程四　数控原理及编程技术

❋　实验一　数控车床编程与操作　❋

一、实验目的

（1）了解数控车床的结构和工作原理。

（2）了解数控系统车削编程的基本方法。

（3）掌握车削中等复杂程度零件数控程序编程和调试的基本方法。

（4）掌握数控车床 JOG、MDI 和 AUTO 等的基本操作方法。

二、实验设备

（1）SPINNER 车削加工中心 1 台。

（2）夹持棒料主轴用弹簧夹头，规格为 ϕ30 mm。

（3）外圆刀、端面刀、割断刀各 1 把。

（4）量具：游标卡尺、千分尺。

（5）毛坯：铝棒料 ϕ30 mm×100 mm，1 根。

三、实验原理

1. 数控车床的组成和特点

（1）主轴结构

主轴采用高精度支撑轴承、良好的动平衡性能和可靠的密封结构，保证了其结构设计符合高速、高精密加工要求。根据夹持棒料直径不同，更换气动夹紧卡盘或弹簧夹头规格；气动夹紧力可以 CNC 控制；主轴电动机变频无级调试，最高转速达 8 000 r/min；主轴具备 C 轴功能。

（2）伺服进给装置

它采用精细加工工艺确保导轨的精度、刚度和表面质量；行星滚柱式丝杆和特殊的齿形带传动机构，配上高精度的直线光栅尺，确保 X/Z 轴重复定位精度小于 0.4 μm。

（3）转塔式刀库

刀具转塔可以安装内外圆车刀、端面刀、内外螺纹刀、镗孔刀、割槽刀和钻头，共 12 个刀位，配置了 X、Z 两个方向的动力头刀座，动力头刀具最高转速达 6 000 r/min。

（4）控制装置

电气控制柜带有空调,保证元器件能长时间正常工作;数控系统采用 Siemens 840D,具备样条和多项式插补功能,分辨率达到 $0.1~\mu m$,这是实现精密数控加工的基础。

2. 数控车削加工的特点和应用范围

数控车削中心是在普通数控车床的基础上,将普通刀塔改进为带动力头的可转位刀塔,并且主轴具有 C 轴功能,这样除了能完成车、镗、攻螺纹和钻孔等工序外,它还可以完成铣削。可见通过一次装夹,完成的复合工序极大地保证了形位精度要求,提高了加工效率。SPINNER 车削中心适合加工小型精密、局部带铣削特征的回转类零件。

3. 操作主界面和基本设置简介

图 4.1-1 所示为 Siemens 840D 控制系统的屏幕和键盘,图 4.1-2 所示为控制操作面板。

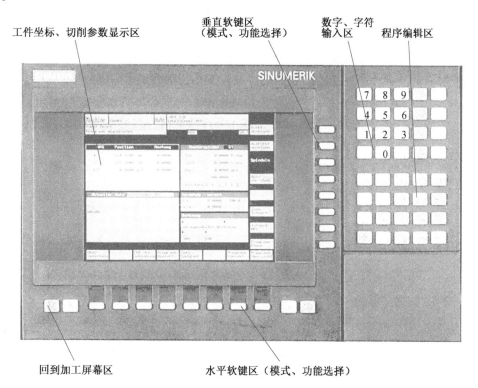

图 4.1-1　Siemens 840D 控制系统的屏幕和键盘

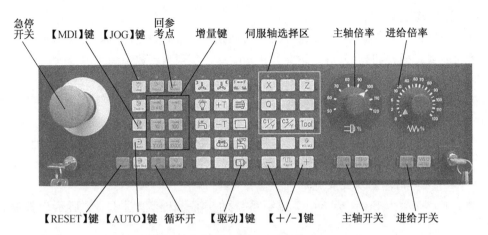

急停开关　【MDI】键　【JOG】键　回参考点　增量键　伺服轴选择区　主轴倍率　进给倍率

【RESET】键　【AUTO】键　循环开　【驱动】键　【+/-】键　主轴开关　进给开关

图 4.1-2　Siemens 840D 控制操作面板

SPINNER 车削中心和 Siemens840D 数控操作要求：

（1）掌握数控车床开机回零操作的基本方法及参考点的作用。

（2）掌握数控车床的机床坐标系和工件坐标系及其作用。

（3）掌握 JOG、MDI 和 AUTO 3 种数控机床操作模式及其在数控加工中的作用。

（4）掌握车刀 X/Z 方向刀具长度补偿基本原理及其输入数控系统的操作方法。

四、实验步骤

1. 零件和加工要求

（1）图 4.1-3a 为加工零件图，图 4.1-3b 为毛坯图，分析其几何特征及其尺寸，确定加工工艺路线，确定工序所用刀具和切削用量。

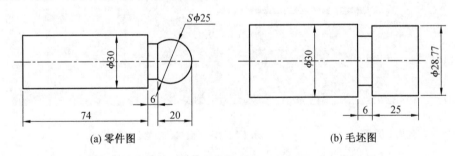

(a) 零件图　　　　　　　　　　　(b) 毛坯图

图 4.1-3　加工零件及其毛坯图

（2）采用跟随零件轮廓生成刀路轨迹的切削模式，结合切削深度并借助 CAD 设计出粗加工和精加工刀路轨迹，如图 4.1-4 所示，进一步可以设计起刀点、进刀点、第一个切入点和退刀点等，完成完整的切削刀具走刀路线。

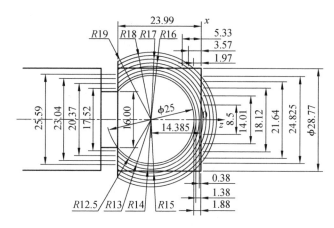

图 4.1-4　零件粗、精加工刀路轨迹的设计

（3）在设计零件模型、毛坯模型和刀路轨迹基础上，建立工件坐标系并计算出各个刀路轨迹基点在 X 和 Z 方向上的坐标值，可以列表并检查数据的正确性。

（4）按照数控系统格式要求，编制加工程序并输入数控系统中。

（5）对刀操作并把对刀参数输入数控系统的刀具补偿参数表内。

（6）在数控系统中调试和验证程序，直至零件加工合格为止。

2．操作步骤

（1）按照操作规程正常开机，手动移动 X,Z 轴至机床的参考点。

（2）选 JOG 模式，点动刀塔回转，查看其转动是否正常。

（3）安装毛坯棒料，进入 MDI 模式，输入"M3 S500"，查看主轴旋转是否正常。

（4）根据工艺路线和工序卡片，分别选用和安装刀具，记录刀号。

（5）对刀，确定刀具长度方向补偿值（Z 方向），并输入数控系统刀具的补偿表内。

（6）对刀，确定刀具偏置值（X 方向），并输入数控系统刀具的补偿表内。

（7）输入数控程序并通过模拟显示刀路轨迹图形，检查刀具运动轨迹是否合理。

（8）进入 MDI 模式，单步试切，如果有问题，检查并重新编辑程序。

（9）调整合理的主轴和进给轴的倍率，完成自动切削加工合格的零件。

（10）加工结束，测量并打扫机床。

五、实验报告

1．编程题

如图 4.1-5 零件为加工零件，毛坯外径为 $\phi 30\ \mathrm{mm}$，每层切削深度（半径方向）为 $2\ \mathrm{mm}$，请设计从毛坯到最终形状的刀路轨迹并编制数控程序，其中粗加工采用平行往复刀路生成原理来实现。

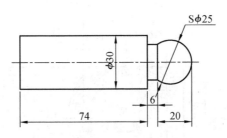

图 4.1-5　加工零件及其尺寸

2. 思考题

（1）通过本实验写出你的心得，并简述数控车削编程的工艺路线和编程要点。

（2）本实验使用割断刀会产生切削干涉，分析原因并提出改进的措施从而使得加工更加合理。

六、注意事项

（1）实验前仔细阅读数控车床的操作规程，特别需要熟悉正常开机和关机操作。

（2）程序输入后，必须经过指导老师的核对后，才能启动自动加工操作。

（3）手动和自动加工过程中，如出现异常情况，请按"急停"按钮。

（4）关机后需要清理干净机床现场，导轨表面加注润滑油。

❂ 实验二 数控铣床编程与操作 ❂

一、实验目的

(1) 了解数控铣床的结构。

(2) 熟悉铣削加工的工艺参数。

(3) 掌握数控铣床的程序编辑和基本操作。

二、实验设备

(1) 刀具轨迹仿真软件(熊族)。

(2) 数控铣床(SKYCNC)。

(3) 计算机。

三、实验内容

(1) 根据给定零件图纸,进行编程。

(2) 模拟加工轨迹,并修改程序,验证所编程序是否正确。

(3) 上机操作,进行给定零件的加工。

四、实验原理

1. 数控铣床结构和编程基础

(1) 数控铣床的结构

如图 4.2-1 所示,数控铣床由床身、立柱、主轴箱、工作台、滑鞍、滚珠丝杠、伺服装置、数控系统等组成。

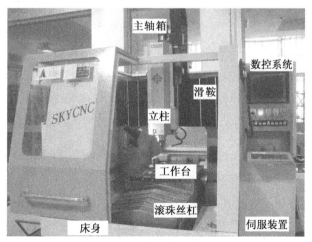

图 4.2-1 数控铣床的基本组成

（2）机床坐标系和工件坐标系

无论操作数控机床还是编程都必须清楚数控机床的坐标系。一般来说数控系统有 2 个坐标系：机床坐标系和工件坐标系。首先了解数控机床坐标和方向确定的标准。

① 由于机床结构不同，加工时，有些是刀具运动工件静止，有些是刀具固定而工件运动，为了使编程人员在不了解机床的情况下能根据图纸编程，一律规定为工件固定而刀具运动，也就是说无论是工件坐标系还是机床坐标系都遵循刀具相对于工件运动的原则。

② 标准坐标系的规定必须明确 2 个要素，即坐标原点和坐标轴的方向。对于坐标系轴的方向，我们使用的是国际标准的笛卡尔坐标系，即通常所说的右手定则，如图 4.2-2a 所示，拇指表示 X 轴，食指表示 Y 轴，中指表示 Z 轴，指尖指向坐标轴的正方向。

机床原点即机床坐标系的原点，它是数控加工时进行坐标计算的基准点。数控加工时，机床上有许多移动部件，必须给这些移动部件设立一个基准点才能定标，这个基准点就是机床原点。机床原点一般在机床出厂时就已设定，通常在各个坐标轴正向加工的最大极限处，也就是在机床最大加工范围下的右前角，见图 4.2-2b，机床零点是通过机床参考点间接确定的。机床参考点一般设定在机床最大加工范围的上限平面的左后角。

对刀点由编程人员设定在工件上，在加工时，应以操作简单、对刀误差小为原则选择对刀点。对刀的准确程度直接影响零件加工的位置精度，对刀方法要与零件的加工精度要求相适应，生产中常使用百分表、中心规及寻边器等工具。

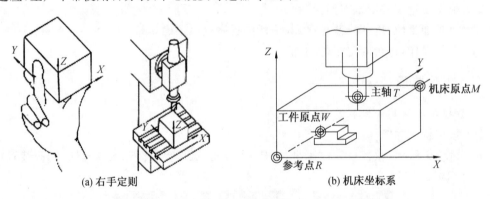

(a) 右手定则   (b) 机床坐标系

图 4.2-2　机床坐标系统

（3）G54～G59 坐标参数

对好刀后，就可以使用 G54～G59 指令建立工件原点与机床零点间的尺寸关系。

零点偏置功能使用 G54～G59 分别表示相应的工件坐标原点在机床坐标系中的坐标值。使用零点偏置功能设定工件坐标系非常适于用夹具固定重复加工多个零件的场合，每次开机后不需重复对刀。

G54 指令格式（G54～G59 均同样）：G54 G00 X_Y_Z_。

说明：

① G54～G59 指令第一次使用时需有运动指令的驱动，如 G54 G00 X0 Y0 Z10。

② 使用 G54～G59 建立工件坐标系，在进入系统后，须先回机床原点，然后建立 G54～G59 的工件坐标系，否则建立的工件坐标系无效。

③ G54～G59 参照机床原点设定工件坐标系。机床在加工过程中如遇到意外掉电或重新开机时,工件坐标系的位置不会丢失,从而保证了加工的安全性。

④ 在使用 G54～G59 指令编程加工时,刀具可在机床任意位置启动,并执行程序。

2. 数控加工程序

一个完整的数控加工程序一般由程序头、若干程序段及最后的程序结束指令组成。

(1) 程序头

程序头由字母 O 与数字(程序号)组成,例如,O0001。

(2) 程序段

每个程序段可完成一段机床运动轴的控制,或者完成一个指定的功能控制。按照实际加工的顺序编写程序,即可完成一个完整的加工过程。每个程序段由若干指令字的集合构成,每个指令字包括一个地址字和数字。

地址字包括 N、G、X、Y、Z、A、B、C、U、V、F、S、O、L、Q 等。程序段示例:N1 G01 X50 Y55 Z100 F1500 M08。

(3) 程序尾

程序的结束由指令 M02 构成,单独成行,切不可用 M30 作为结束语句。M30 表示主程序停止。

(4) 主程序和子程序

在一个加工程序中,如果有几个程序段完全相同,为了缩短程序,可将这些重复的程序字段单独抽出,按规定的程序格式编成子程序,并放在主程序后。主程序在执行过程中调用子程序,可以大大简化编程工作。

子程序的构成与主程序类似,由子程序头、程序段和子程序结束指令构成。

子程序号由冒号":"、字母"O"与数字组成;子程序结束由指令 M99 构成,单独成行。

在主程序中调用子程序的指令格式示例如下:

M98 P0045　L2;执行 2 次子程序 0045

本次实验的主程序和子程序格式见表 4.2-1。

表 4.2-1　主程序和子程序格式

	主程序	子程序	备注
程序头	O0012	O0045	程序号
程序段	M03 S6000 M08 G54		常用 准备代码
程序段			加工轨迹和进给速度
程序段	M05 M09		常用 准备代码
程序结束	M02	M99	固定代码

3. 数控加工工艺

(1) 切削用量的选择原则

① 粗加工时切削用量的选择原则。首先选取尽可能大的背吃刀量;其次根据机床动力

和刚性的限制条件等,选取尽可能大的进给量;最后根据刀具耐用度确定最佳的切削速度。

② 精加工时切削用量的选择原则。首先根据粗加工后的余量确定背吃刀量;其次根据已加工表面的粗糙度要求,选取较小的进给量;最后在保证加工质量、刀具寿命和机床允许的前提下,选择较大的切削用量,以提供加工效率。

(2) 顺铣与逆铣

顺铣:铣刀对工件的作用力在进给方向上的分力与工件进给方向相同。

逆铣:铣刀对工件的作用力在进给方向上的分力与工件进给方向相反。

必须选用顺铣情况:

① 工作台丝杠-螺母传动副有间隙调整机构,并可调整到足够小(0.03~0.05 mm)。

② 铣刀作用于工件进给方向的分力 F_f 小于工作台与导轨之间的摩擦力。

③ 铣削不易夹紧的薄而长的工件。

顺铣时切削点的切削速度方向在进给方向上的分量与进给速度方向一致。

为获得良好的表面质量而经常采用顺铣的加工方法。它具有较小的后刀面磨损、机床运行平稳等优点,适用于在较好的切削条件下加工合金钢。

逆铣时切削点的切削速度方向在进给方向上的分量与进给速度方向相反。因为采用这种方式会产生副作用,诸如后刀面磨损加快从而缩短刀片寿命,在加工高合金钢时产生表面加工硬化,表面质量不理想等,所以一般情况不采用逆铣。

五、实验步骤

1. 数控编程

根据零件图、毛坯材料和加工刀具,在文本编辑器中编写数控加工程序,编写完成后以"＊.NC"(其中"＊"为文件名)保存。

工件材料:80 mm×80 mm 铝(有色金属);刀具:φ4 立铣刀;零件如图 4.2-3 所示。

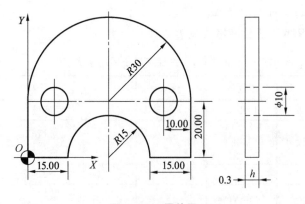

图 4.2-3　零件图

2. 程序模拟

点击"熊族.exe"(🐻🐻)进入如图 4.2-4 所示界面,点击"Open"按钮,选择待仿真的数控加工程序(NC 文件),检查刀具路径是否正确。若程序有错,则修改后继续仿真,直到程序完全正确。

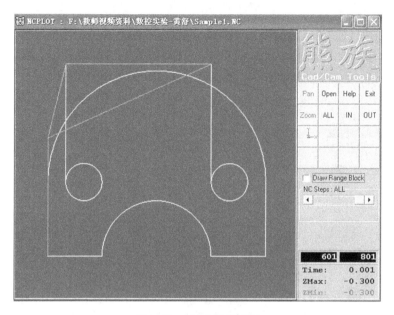

图 4.2-4　程序模拟界面

3. 零件加工

确认钥匙开关处于关闭位置，"紧急停止"按钮处于按下状态后合上机床总电源，此时操作面板上的电源指示灯亮为白色，依次打开"钥匙开关"、计算机、Windows 系统、SKYCNC2003 数控系统，按下"紧急停止"按钮和"机床工作"按钮。

首先打开 SKYCNC2003 数控系统，即出现如图 4.2-5 所示界面，然后依次进行机床回零、刀具安装、对刀找工件坐标零点和自动加工操作。

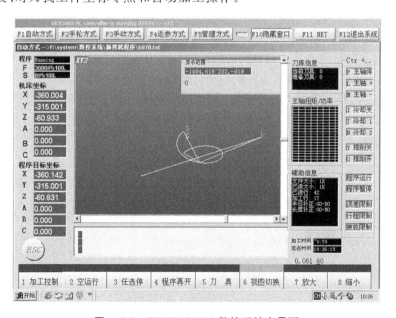

图 4.2-5　SKYCNC2003 数控系统主界面

（1）机床回零

按下键盘上的【F4】键或鼠标单击主菜单条上的"F4 返参方式"进入机床回零界面,如图 4.2-6 所示,选择"3 机床原点",按下【F6】键(注意数控铣床的确认键为【F6】),然后使机床的 Z 轴、Y 轴和 X 轴依次移动到机床零点。

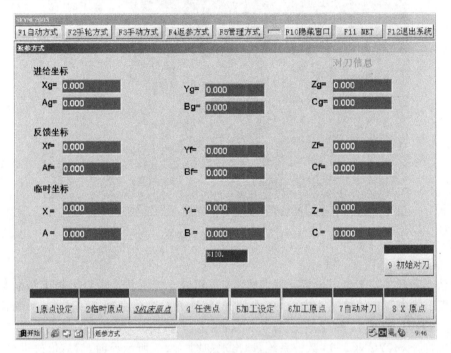

图 4.2-6　返参方式界面

（2）刀具安装

选择加工所需要的刀具和相应的夹套,安装到主轴上,本实验选取 $\phi 4$ mm 的立铣刀。

对刀时,对刀点是设置在工件坐标系中,用以确定工件坐标系与机床坐标系空间位置关系的参考点。对刀的准确程度直接影响零件加工的位置精度,对刀方法要与零件的加工精度要求相适应,生产中常使用百分表、中心规及寻边器等工具。对刀找工件坐标零点:按下键盘上的【F2】键或鼠标单击主菜单条上的"F2 手轮方式"进入手轮方式,如图 4.2-7a 所示,再点击"手轮打开",使手轮方式有效,通过手轮将刀尖移动到编程原点,此时关闭手轮方式,切换到"手动方式",按下键盘上的按钮"4",设定主轴转速,主轴转速设为 2 000 r/min,单击操作面板上"主轴正转"进行试切。随后返回手轮方式,单击"6 坐标参数",进入如图 4.2-7b 所示的编辑界面,将该位置下的机床坐标值输入到 G54 参数中。

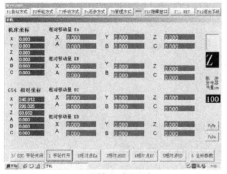
(a) 手轮方式界面

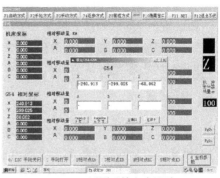
(b) 返回手轮方式界面

图 4.2-7 手轮方式界面

（3）自动加工

按下键盘上的【F1】键或鼠标单击主菜单条上的"F1 自动方式"进入自动加工界面,如图 4.2-8a 所示,再单击"1 加工控制"进入如图 4.2-8b 所示的界面,选择待加工数控程序（NC 文件）,最后按 2 次【F6】键,便开始自动加工。

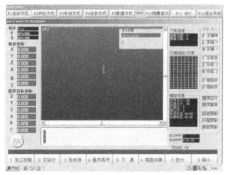
(a) 进入自动加工界面

(b) 加工控制界面

图 4.2-8 自动加工界面

在加工过程中如果出现超程现象,则"手轮方式""机床回零"等操作失效,此时只有通过"手动方式"来调节。首先切换到"手动方式",按"5"切换所选轴,按"7"超程的轴正向移动,按"8"超程的轴反向移动。

在加工过程中,可以通过【Page Up】和【Page Down】键调整进给速度,【Insert】和【Delete】键调整主轴转速。

零件加工过程简要描述如下:

① 打开总电源,启动系统,打开数控软件后,松开紧急按钮,按下机床工作按钮。

② 机床回零,按【F6】键确认。

③ 用手轮移动工件到加工位置后,切换到手动方式定义主轴转速,按主轴正转后切换到手轮方式进行试切,随后点击"6 坐标参数"将对刀点坐标输入 G54 中,关闭手轮方式进入自动加工界面,按加工控制后调出程序,按 2 次【F6】键后开始加工。

④ 加工好后,退出工件,进行测量,将刀具退回适当位置,按下紧急按钮,退出程序,关

闭"钥匙开关",断开总电源。

4. 机床维护

实验完成后将零件取下,机床移动到适当位置,将刀具放回工具箱,并清理机床后按与开机顺序相反的次序关闭系统。

六、注意事项

(1) 通电前应确认"钥匙开关"在关闭位置,"急停"按钮处于按下状态。

(2) 机床上电后,应检查系统状态,并严格按操作规程进行操作。

(3) 实验结束后,应按下"机床锁住"键和"急停"旋钮,再退出 SKY 数控系统和 Windows 系统,最后将"钥匙开关"放在关闭位置,切断电源。

(4) 在加工过程中应关上所有防护门,加工完毕后方可打开。

(5) 在机床运行过程中,如有紧急情况,应立即按下"急停"按钮。

七、实验报告

(1) 实验目的。

(2) 实验要求。

(3) 实验设备。

机床型号:＿＿＿＿＿＿＿＿＿＿＿＿＿＿＿＿＿＿＿＿＿＿＿＿＿＿＿

刀具:＿＿＿＿＿＿＿＿＿＿＿＿＿＿＿＿＿＿＿＿＿＿＿＿＿＿＿＿＿

毛坯尺寸:＿＿＿＿＿＿＿＿＿＿＿＿＿＿＿＿＿＿＿＿＿＿＿＿＿＿＿

毛坯材料:＿＿＿＿＿＿＿＿＿＿＿＿＿＿＿＿＿＿＿＿＿＿＿＿＿＿＿

(4) 根据给定零件图写出数控加工程序(画出零件图纸,并标注工件原点及加工轨迹方向)。

(5) 写出上机进行零件加工的操作步骤。

(6) 根据以下数控加工程序,画出零件图并标注工件原点及加工轨迹。

```
O0100;
N0010 T01 S6000 M03;
N0020 M08;
N0030 G54 G00 X0 Y0;
N0040 G90 G00 Z5;
N0050 G00 X-20 Y0;
N0060 G01 Z-0.5 F1000;
N0070 G02 X20 Y0 I20 J0;
N0080 G03 X0 Y0 I-10 J0;
N0090 G02 X-20 Y0 I-10 J0;
```

N0100 G03 X20 Y0 I20 J0；

N0110 G00 Z5；

N0120 G00 X0 Y0；

N0130 G00 Z0；

N0140 M05 M09；

N0150 M02

❋ 实验三　插补原理与伺服控制 ❋

一、实验目的

（1）理解数控机床插补原理。

（2）通过数控插补算法的可视化，熟悉数控插补原理及其常用插补算法。

（3）掌握数控插补算法的简单实现方法。

二、实验设备

（1）数控插补原理实验教学软件。

（2）固高运动控制开发平台。

（3）固高 x-y 伺服控制平台。

（4）微型计算机。

三、实验内容

（1）学习和使用数控插补教学软件，熟悉常用的插补算法。

（2）通过插补算法编程，实现逐点比较法的直线插补算法。

（3）利用编写的插补程序，在运动控制开发平台上实现简单的伺服控制。

四、实验原理

　　机床数控系统确定刀具的运动轨迹，进而产生基本廓形曲线，如直线、圆弧等。其他需要加工的复杂曲线由基本廓形逼近，这种拟合方式称为"插补"（Interpolation）。插补实质是数控系统根据零件轮廓线型的有限信息（如直线的起点、终点，圆弧的起点、终点和圆心等），在轮廓的已知点之间确定一些中间点，完成所谓的"数据密化"工作。

五、软件界面简介

　　双击软件图标后直接启动程序界面。因为所要实现的功能完全可以在一个界面内实现，所以本软件不采用菜单式结构，这样使用者可以在一个界面内完成所有操作而不用频繁地切换程序界面。软件初始界面如图 4.3-1 所示。

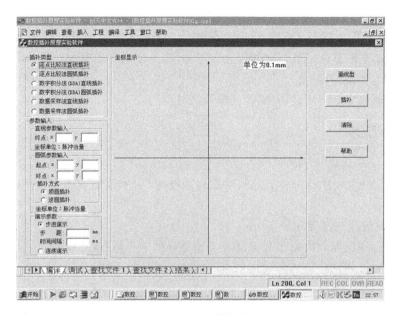

图 4.3-1 软件界面

参照图 4.3-1,初始界面分为插补类型选择区、参数输入区、插补方式选择区、演示参数选择区、插补结果显示区、功能按钮和软件帮助区。

1. 插补类型选择区

本软件可以实现 6 种插补:逐点比较法直线插补、逐点比较法圆弧插补、数字积分(DDA)法直线插补、数字积分(DDA)法圆弧插补、数据采样法直线插补和数据采样法圆弧插补,其中圆弧插补又分为逆圆插补和顺圆插补。在插补类型选择区,可以选择任意一种插补方式,但同一时刻只能选择一种插补方式。

2. 参数输入区

插补前,需要使用者给定参数。参数包括:直线终点的 X 坐标和 Y 坐标、圆弧的任意两点(起点和终点)的 X 坐标和 Y 坐标,对于圆弧参数,如果输入的第二点的坐标不在由第一点的坐标所确定的圆弧上,软件会给出提示并要求重新输入相关参数。由于计算机显示器是由像素成点阵排列组成的,因此显示的图形不是连续的。

3. 插补方式选择区

对逐点比较法,圆弧插补、数字积分(DDA)法圆弧插补、圆弧插补有顺圆和逆圆两种插补方式。在插补方式选择区里,可以任意选择顺圆插补和逆圆插补,但同一时刻只能选择一种方式,这样可以防止误操作。

4. 演示方式选择区

随着微电子技术的迅猛发展,计算机技术也不断发展和成熟。由于目前计算机的主频非常高,运算速度也非常快,插补过程可在一瞬间完成,使用者根本看不到插补的实现过程。为了便于使用者细致地观察、理解插补过程,实验中所用设立了步进演示的方式,并且使用者可以任意设定两步插补之间的插补步长和间隔时间(对于数据采样法,此处的步长和间隔时间实为速度和插补周期)。

5. 插补结果显示区

该区域主要把插补的运算结果通过动态图形的方式显示到计算机屏幕上,最终实现软件的功能要求。该区域占了整个屏幕很大一部分,易于使用者观察。

6. 右边的功能键

功能键分别是"画线型"、"插补"、"清除"和"帮助"。

六、实验步骤

1. 熟悉和使用数控插补教学软件

以逐点比较法直线插补和逐点比较法圆弧插补为例,大致地介绍实验所用软件的操作方法。

(1) 逐点比较法直线插补

① 在图 4.3-1 所示软件初始界面插补类型选择框中选择"逐点比较法直线插补"。

② 在图 4.3-2 所示中输入所要插补直线的终点参数 X 和 Y 值。

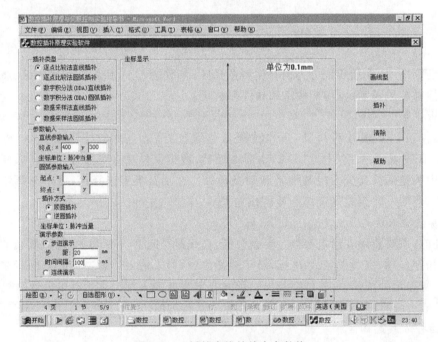

图 4.3-2　插补直线的终点参数值

③ 点击"画线型"按钮,画出给定直线,如图 4.3-3 所示。

④ 点击"插补"按钮,可插补出给定的直线,如图 4.3-4 所示。

⑤ 改变"演示参数"中"步距"的大小,分析此项参数对插补精度的影响。

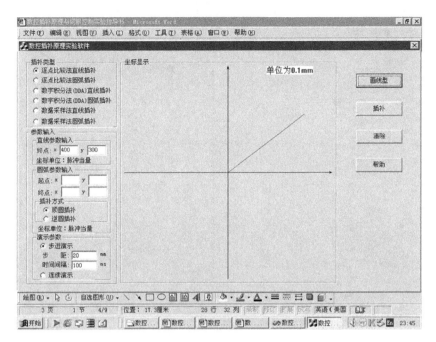

图 4.3-3 画给定直线

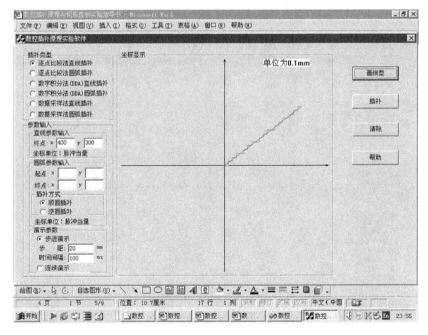

图 4.3-4 插补给定直线

（2）逐点比较法圆弧插补

① 在插补类型选择框里点选"逐点比较法圆弧插补"，如图 4.3-5 所示。

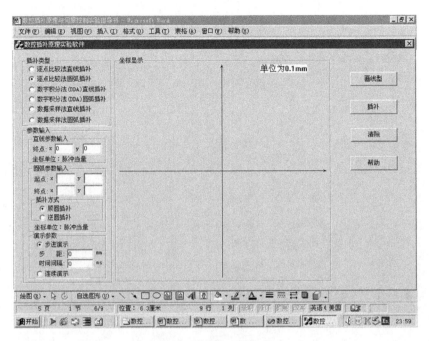

图 4.3-5　插补类型选择

② 输入相应的圆弧参数,选择合适的插补方式和演示方式,如图 4.3-6 所示。

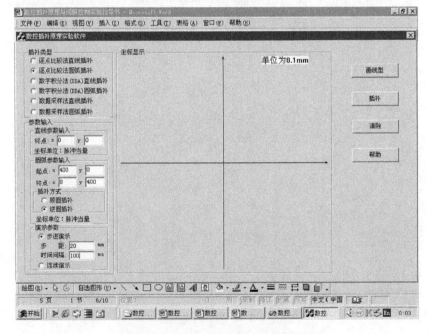

图 4.3-6　插补方式和演示方式选择

③ 点击"画线型"按钮,画出给定参数的圆弧,如图 4.3-7 所示。

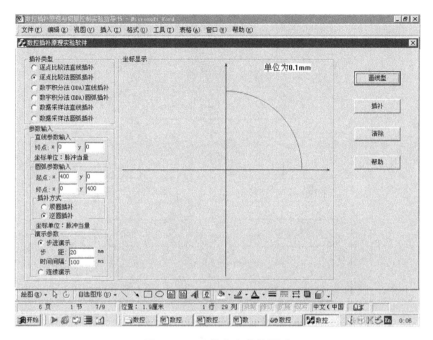

图 4.3-7 画给定参数的圆弧

④ 选择插补方式：顺圆插补或逆圆插补，点击"插补"按钮进行插补，如图 4.3-8 所示。

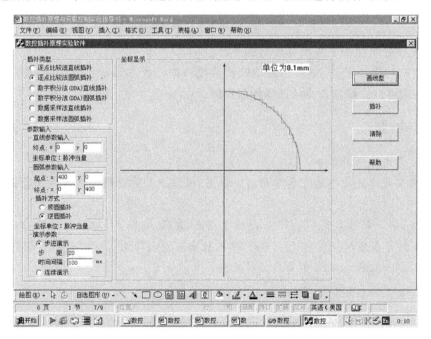

图 4.3-8 插补方式选择

其他插补类型的操作类似，不再一一细述。

2. 编写逐点比较法直线插补程序

逐点比较法直线插补程序流程如图 4.3-9 所示。

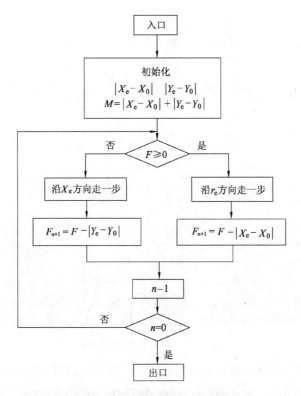

图 4.3-9　逐点比较法直线插补程序流程

3. 实现逐点比较法直线插补的伺服控制

利用完成的插补子程序,调用运动控制器提供的函数库和动态链接库,在运动控制开发平台上实现逐点比较法直线插补的伺服控制。

思考题

1. 简述常用的插补算法。

2. 画出实现逐点比较法直线插补的流程图,结合流程图说明如何实现任意象限的直线插补。

3. 已知:第一象限直线 OA,起点 O 位于原点,终点 $A(4,2)$,取被积函数寄存器分别为 J_{Vx},J_{Vy},余数寄存器器分别为 J_{Rx},J_{Ry},终点计数器 J_E,均为三位二进制寄存器。填写插补过程表 4.3-1,在图 4.3-10 中画出插补轨迹。

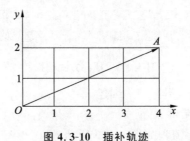

图 4.3-10　插补轨迹

表 4.3-1 DAA 直线插补过程

累加次数(Δt)	X 积分器			Y 积分器			终点计数器 J_E
	$J_{V_x}(x_e)$	J_{Rx}	溢出 Δx	$J_{Vy}(y_e)$	J_{Ry}	溢出 Δy	

✳ 实验四　自动编程与数控操作实验 ✳

一、实验目的和要求

自动编程是运用计算机辅助软件(CAM),对零件进行数控加工工艺分析并编制出符合数控系统要求的数控程序,大大提高了数控编程的效率,解决了手工编程难以进行复杂型面数控程序编制的问题。

本实验要求学生根据教师提供的典型加工零件(盘形凸轮类、凸出型芯类、凹进型腔类、多型面类等)的三维模型,在数控加工工艺分析的基础上,利用 UG NX CAM 生成加工刀路轨迹,并进行切削过程仿真,再通过后置处理生成加工中心数控系统所能接受的数控程序,通过调试并加工符合模型形状和尺寸要求的工件。

本实验主要的目的和要求如下:

(1) 掌握数控加工工艺分析和数控加工工序的编制方法。

(2) 掌握 UG NX CAM 自动编程三轴加工的主要功能、操作流程和主要参数设置方法。

(3) 掌握 UG NX CAM 自动编程三轴加工的切削过程仿真和后置处理的基本方法。

(4) 掌握自动编程产生的数控程序和数控机床的数控装置通讯传输的基本方法。

(5) 掌握加工中心($X/Y/Z$ 三轴联动加工中心)对刀和偏置值输入、刀补参数输入、空运行及首件加工的基本方法。

(6) 了解五轴加工中心(MIKRON UCP800 Duro)机床结构特点和加工应用特点。

二、实验设备和材料

1. 数控机床及工具

(1) MAZAK VTC−16A 加工中心,数控系统为 MAZATROL 640M,兼容 FANUC 编程格式。

(2) 有关工具包括:夹具(平口钳)、刀具(平底刀和球刀若干)、量具(百分表及磁座、游标卡尺 150 和通用塞尺)和辅具(扳手、垫块、锉刀和刷子)。

2. 实验材料

铝合金毛坯块料(根据模型尺寸确定毛坯大小,现有毛坯规格为 100 mm×80 mm×30 mm,四周、底面和顶面已加工),每组 1 块。

3. 电脑和软件

电脑(基本配置:CPU 为 Intel PIII 1G 或者 P4 以上;内存 1 G 以上;硬盘容量 20 G 以上)有 RS232 接口及其数据传输线,安装 UG NX8.5 版本软件。

三、实验内容概述

1. 加工模型及其特点

分组并选取如表 4.4-1 所示中的一个模型,分析该模型的型面特点和加工要求,结合加工机床的加工能力和现有的刀具特点,按照切削零件的有关加工原则,制订该模型数控加工的加工路线和加工工序。(本实验也鼓励同学们自己动手创建模型)

表 4.4-1　实验模型及其加工要求

序号	名称	模型示意图	模型特点及加工要点
1	实验模型 1（带锥度圆弧形腔凹模）		① 分析该模型的型腔顶面和底面圆弧的最小半径值,选择可以加工最小圆弧的刀具; ② 采用型腔铣粗加工内腔,采用等高轮廓铣加工侧面,采用平面铣加工底面; ③ 根据需要增加半精加工工序和操作
2	实验模型 2		① 多型面(多个岛屿)加工,包括铣削和钻削; ② 需要二次加工,即完成顶部各个型面加工后,二次装夹,加工侧面的键槽
3	实验模型 3（鼠标实体凸模）		① 模型顶面为曲面,采用曲面铣进行加工,采取半精加工作为精加工的前道工序,保证其余量均匀; ② 为保证曲面精加工表面质量加工效果,采取小直径球刀高速加工方法

续表

序号	名称	模型示意图	模型特点及加工要点
4	实验模型 4（曲面相贯凸模）	45 18 100 100	① 具有实验模型 3 的加工特点，在此基础上最后采用小刀具增加清根操作，加工出两个曲面凸台的过渡圆弧； ② 曲面凸台的局部区域曲率变化很大，如果加工完美，须采取五轴加工方法

2. 数控加工工序卡(举例)

根据上述的加工路线和工序，选取 CAM 提供的加工类型，填写如表 4.4-2 所示的数控工序卡。

表 4.4-2　数控加工工序卡

模型(零件)名称			零件材料		LY12			
工序卡内容								
工步号	加工内容和加工方法	加工方式（CAM操作类型）	走刀形式（刀路切削模式）	刀具类型	刀具规格和刀号	切削用量			

工步号	加工内容和加工方法	加工方式（CAM操作类型）	走刀形式（刀路切削模式）	刀具类型	刀具规格和刀号	转速/(r/min)	进给速度/(mm/min)	每层切深/(mm/min)	加工余量/mm
1	粗加工毛坯外形	型腔铣	跟随外形	立铣刀	ϕ10/T1	2 000	100	2	1
2	半精加工型芯顶面	曲面铣	平行往复	球头刀	ϕ10R5/T2	2 000	200	1	0.25
3	精加工四周侧面	等高轮廓铣	跟随外形	立铣刀	ϕ10/T1	2 000	200	0.5	/
4	精加工型芯顶面	曲面铣	平行往复	球头刀	ϕ6/T3	4 000	300	0.25	/
5	精加工分型面	平面铣	平行单向	立铣刀	ϕ6/T4	4 000	300	0.1	/

3. 加工中心及主要操作简介

MAZAK VTC-16A 加工中心操作面板的主要按键及其说明见表 4.4-3。

表 4.4-3　MAZAK　VTC‐16A 加工中心操作面板主要按键及其说明

序号	名称	功能
1	电源接通键【POWER ON】	● 接通数控装置电源 按下此键,几秒后运行准备完了,工作灯显示"READY" 当主电源开关旋到"ON"时,此键指示灯亮,表示机床已经通电 ● 按下此键后,指示灯灭
2	电源切断键【POWER OFF】	● 切断数控装置电源 按下此键后,电源接通键指示灯亮
3	画面选择键	● 选择 CRT 显示器显示的画面 按下此键后,显示画面选择菜单
4	菜单键	● 选择显示菜单中的一个项目
5	菜单选择键	● 从当前显示的菜单切换到其他菜单
6	程序写保护开关(附钥匙) 【PROGRAM PROTECT】	● 保存数控装置中的程序及数据 此开关旋到"1"时,可写入程序及数据 此开关旋到"0"时,程序及数据不能写入
7	循环启动键(绿色) 循环启动指示灯(绿色) 【CYCLE START】	● 自动运行模式中,启动机床的自动循环 自动运行时,启动指示灯亮 自动运行中断或结束时,指示灯灭
8	进给保持键(红色) 进给保持指示灯(白色) 【FEED HOLD】	● 自动运行中,使轴进给保持的键 进给保持时,进给保持指示灯亮,循环起动指示灯灭
9	手动进给键	● 手动操作模式中,使轴移动的键 按住键时相应的轴移动,松开则停止
10	所有轴返回参考点键	● 手动操作模式中,使所有移动轴回到机床参考点的键 ● 只有在回过一次参考点后才有效 ● 按住所有轴返回参考点键,Z 轴首先返回参考点,接着 X,Y 轴 (有附加轴时,第四轴也)同时回到机床原点
11	主轴停止键【STOP】	● 手动操作模式中,使主轴旋转的键
	主轴启动键【START】	● 手动操作模式中,使主轴旋转的键 ● 主轴旋转时,此键指示灯亮
12	紧急停止键 【EMERGENCY STOP】	● 使机床运转紧急停止的键 一按此键,机床所有动作立即停止,画面出现"003 紧急停止" 报警 向右(箭头方向)旋转此键后,再按下 MF1 和 RESET 解除键,可 解除紧急停止,重新启动
13	机床设置开关 【MACHINE SET UP】	● 选择门联锁功能(门禁止打开)有效或无效的开关
14	开门锁键(选项) 【DOOR UNLOCK】	● 解除门锁(仅适用于 VTC‐160A/200B/200C 系列)
15	排屑器开关(选项) 【CONVEYOR】	● 启动或停止排屑器运转
16	刀具松开/锁紧开关 【TOOL UNCLAMP】	● 在手动操作方式下,控制主轴刀具夹紧或松开的键

续表

序号	名称	功能
17	复位键 【RESET】	● 使 NC 装置恢复到初始状态用键 当显示报警时,排除报警原因后,按此键,可消除报警
18	主轴倍率键	● 调整主轴转速 手动操作时:设定转速 转倍率以 10 为单位 自动运行时,程序指令的转速以 10% 为单位,在 0%～150% 范围内调整 按 △ 键,加速　　　按 ▽ 键,减速 数值可以显示在画面上。
19	进给倍率键	● 调整切削进给速度 手动操作时:设定要求的切削进给速度 自动运行时:程序指令的切削进给速度以 10% 为单在 0%～200% 内调整 按 ▽ 键,减速 数值可以显示在画面上 按 △ 键,加速
20	快速移动倍率键	● 调整快速移动速度的键 在画面上显示最高快速移动速度的 % 值 按 △ 键,加速　　　按 ▽ 键,减速
21	手动脉冲进给键	● 选择手动脉冲进给方式及进给倍率 手×1:手摇脉冲发生器的 1 格,相当于轴的移动量为 0.001 mm （4 轴为 0.001°） 手×10:手摇脉冲发生器的 1 格,相当于轴的移动量为 0.01 mm （4 轴为 0.01°） 手×100:手摇脉冲发生器的 1 格,相当于轴的移动量为 0.1 mm（不能选择第 4 轴） ● 选择按下 3 个键中的一个,用所选择的轴选择键选择进给轴,旋转手摇脉冲发生器手轮,可移动所选择的轴 ● 关闭轴选择开关,选择手动脉冲进给时,每按一次轴移动按钮,则轴作相应于手动脉冲进给轴设定的距离的移动。（增量进给）
22	快速移动键	● 选择快速移动模式 按下此键后,如果按轴移动键,则所选轴快速移动
23	手动返回 参考点开关	● 手动操作模式中,使移动轴回到机床参考点(机床原点) ● 按下此键后,如果按轴移动键则所选轴回到机床参考点
24	【MDI】键	● 选择 MDI 运行方式 按此键,使手动输入的编程数据自动运行

MAZATROL 640M 数控系统程序(程序头和程序尾)格式如下：

N10	G90 G40 G49 G80 G17	数控指令初始化
N20	G91 G28 Z0	返回到 Z 轴零点/换刀点
N30	T01T00M06	从刀库取 1 号刀具
N40	G54 G00 M03 S1000	调用工件坐标系,并启动主轴
N50	G43 Z5	快速达到工件表面 5 mm 高度
………		
N90	G90 G00 Z10	加工结束,快速到达工件表面 10 mm 高度
N100	M02	加工结束

电脑和 MAZATROL 640M 数控系统通信的主要步骤如下：

① 在个人电脑上,由 UG NX CAM 后处理生成的数控程序名称的后缀名.ptp,修改为 MAZATROL 640M 能够接受的.EIA 格式。

② 用网络线连接数控装置和个人电脑。

③ 登录 MAZATROL 640M 装置的 Window 操作系统,指派规定的 IP 地址;同样在个人电脑上也指派规定的 IP 地址。

④ 网络联通后,更改个人电脑中文件的高级共享设置,将上述的数控程序传输至数控装置中,直至在数控装置操作面板中能够找到并打开该数控程序为止。

4. UG NX CAM 自动编程流程框图

UG NX CAM 自动编程流程框图如图 4.4-1 所示。

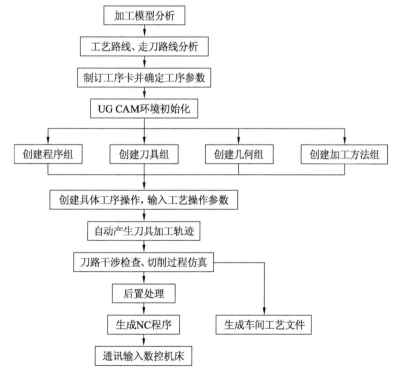

图 4.4-1 UG NX CAM 自动编程流程框图

CAM 编程的流程框图补充说明如下：

（1）创建几何组内部包括：指定工件坐标系（编程坐标系）、指定毛坯、指定加工实体模型、确定加工表面和安全平面等设置内容。

（2）在后置处理操作时，后置处理程序选用 UG CAM 自带的三轴加工后处理器即可。

四、实验步骤

（1）分析本模型零件的型面特点和加工要求，初步制作相应的数控加工工序卡。重点要判断模型中最小的过渡圆弧的半径大小，便于选用合理规格的刀具。

（2）进入 UG NX CAM 界面，选择加工环境，依次建立程序、刀具、几何和加工方法（设置加工余量）等操作内容。

（3）针对数控工序卡中的第 1 个工步加工内容和要求，选择相应的加工方式（操作类型），选择上述设置的操作节点，定义操作类型名称。

（4）设置操作类型的主要参数，包括走刀方式、步距（切削宽度）、每层切削深度、进刀方式和切削用量参数等等，生成刀路轨迹。

（5）进入切削过程仿真，查看切削刀路轨迹是否合理、切削过程有无干涉。否则重新设置走刀方式、步距等参数设置，直至刀路轨迹满意为止。

（6）重复第③步至第⑤步，完成数控工序卡中所有的工步内容。

（7）选择所有完成的刀路轨迹进行联合仿真，并一起进行后置处理，选用三轴通用后处理器，生成该零件加工的数控程序（程序文件的后缀为 .ptp）。

（8）利用记事本打开数控程序，进行检查并根据 MAZATROL 640M 编程格式的要求，进行适当的修改，并将文件后缀名修改为 .EIA。

（9）利用网络通信将上述数控程序输入到加工中心的数控装置内，通过操作面板调出该程序，利用数控装置提供的轨迹验证功能，再次对程序进行检查，直至没有报警显示。

（10）将零件毛坯安装到工作台的平口钳上，检查是否牢固。

（11）利用 MDI 模式和主轴松紧刀柄的操作功能，依次将程序所需的若干刀具安装到刀库上，检查刀具安装在刀库上的刀号与 CAM 编程定义的刀号是否一致。

（12）选取一把立铣刀作为基准刀进行对刀操作，将毛坯顶面的中心作为工件（编程）坐标系的原点，依次对刀 X、Y 和 Z 方向，将 3 个在操作面板屏幕上显示的偏置值（相对于机床坐标系的坐标值），依次输入到 G54 参数表中。

（13）借助 MDI 模式，利用数控系统提供的刀具半自动测量和刀尖记忆功能，依次设置好所有刀具的长度补偿值。

（14）利用空运行功能，检查刀路轨迹是否合理和安全。然后利用自动加工模式开始切削，直至加工完毕，取下零件进行检验，是否符合模型形状和尺寸的要求；如有加工误差，则讨论产生误差的原因，并提出改进措施。

（15）打扫机床，整理工具，修改和完善本模型的数控加工工序卡。

五、注意事项

（1）遵从教师的安排，不得随便输入与实验无关的数控加工程序，或者修改和删除数控装置内现有的数控程序;零件自动加工过程中,关好机床安全门。

(2) 按照机床操作规程和要求,进行开机、对刀、刀补参数输入和关机等操作。

(3) 数控程序输入后,必须经过教师的核对,才能启动空运行和自动加工等操作。

(4) 零件自动加工过程中,如出现异常情况,按"运行停止"或者"急停"按钮。

六、实验报告

(1) 按组整理指定零件(模型)加工的数控加工工序卡,并附每个工步操作产生的刀路轨迹截图。

(2) 指出 CAM 软件提供常见的走刀方式(刀路切削分布模式),总结它们各自的特点和应用范围(列举不少于 3 种方式)。

(3) 叙述 CAM 操作的流程及其设置的主要参数。

(4) 从提高加工效率的角度,指出刀路轨迹的优化的常见措施。

课程五　数控原理与系统

实验一　逐点比较法插补实验

一、实验目的

（1）了解常用插补算法。
（2）熟悉逐点比较法插补流程。
（3）掌握逐点比较法直线与圆弧插补的实现算法。

二、实验仪器

微型计算机。

三、实验内容

（1）完成逐点比较法直线插补算法的插补过程。
（2）完成逐点比较法圆弧插补算法的插补过程。

四、实验原理

1. 逐点比较法的特点

逐点比较法能逐点计算、判别偏差并逼近理论轨迹。

2. 4个节拍

逐点比较法插补循环的四个节拍如图 5.1-1 所示。

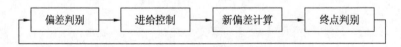

图 5.1-1　逐点比较法插补循环的 4 个节拍

3. 逐点比较法直线插补

逐点比较法步进方向如图 5.1-2 所示。当 $F_i \geqslant 0$ 时，$+X$ 向进给 1 步，$F_{i+1} = F_i - Y_e$；当 $F_i < 0$ 时，$+Y$ 向进给 1 步，$F_{i+1} = F_i + X_e$。

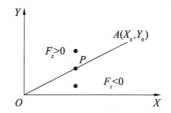

图 5.1-2 逐点比较法直线插补步进方向

4. 逐点比较法直线插补流程

逐点比较法直流插补的流程如图 5.1-3 所示。

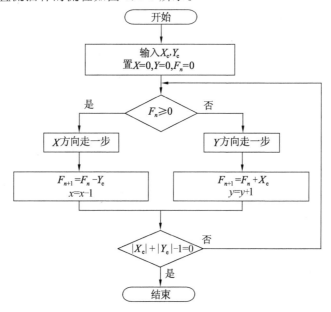

图 5.1-3 直线插补流程

5. 逐点比较法圆弧插补

逐点比较法圆弧插补步进方向如图 5.1-4 所示。当 $F_i \geqslant 0$ 时，$-X$ 向进给 1 步，$F_{i+1} = F_i - 2x_{i+1}$；当 $F_i < 0$ 时，$+Y$ 向进给 1 步，$F_{i+1} = F_i + 2y_{i+1}$。

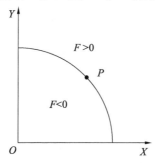

图 5.1-4 圆弧插补步进方向

6. 逐点比较法圆弧插补流程

逐点比较法圆弧插补流程如图 5.1-5 所示。

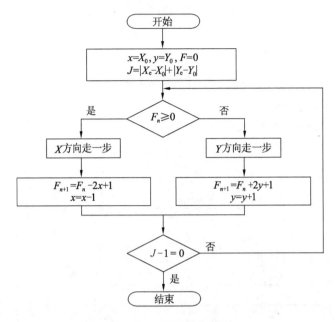

图 5.1-5 圆弧插补流程

五、实验步骤

1. 逐点比较法直线插补

设脉冲当量为 1,起点(0,0),终点(5,4),填写逐点比较法直线插补过程表 5.1-1,并画出插补轨迹图。

表 5.1-1 逐点比较法直线插补过程

序号	终点坐标 X_e	终点坐标 Y_e	总步数 n	偏差函数 F	进给 $\triangle x$	当前坐标 X_i	进给 $\triangle y$	当前坐标 Y_i
0								
1								
2								
3								
4								
5								
6								
7								
8								
9								

2. 逐点比较法圆弧插补

设脉冲当量为 1,圆弧起点坐标为 (8,0),终点坐标为 (0,8),圆心坐标为 (0,0),填写逐点比较法圆弧插补过程表 5.1-2,并画出插补轨迹图。

表 5.1-2 逐点比较法圆弧插补过程

序号	起点坐标 X_0	起点坐标 Y_0	终点坐标 X_e	终点坐标 Y_e	总步数 n	偏差函数 F	进给 $\triangle x$	当前坐标 X_i	进给 $\triangle y$	当前坐标 Y_i
0										
1										
2										
3										
4										
5										
6										
7										
8										
9										
10										
11										
12										
13										
14										
15										
16										

 思 考 题

1. 如果直线不在原点如何处理? 设脉冲当量为 1,起点坐标为 (−2,−3),终点坐标为 (3,4),填写逐点比较法直线插补过程表,并画出插补轨迹图。

2. 设脉冲当量为 1,圆弧起点坐标为 (3,4),终点坐标为 (5,0),圆心坐标为 (0,0),填写逐点比较法圆弧插补过程表,并画出插补轨迹图。

实验二　数字积分法插补实验

一、实验目的

(1) 了解常用插补算法。
(2) 熟悉数字积分法插补流程。
(3) 掌握数字积分法直线与圆弧插补的实现算法。

二、实验仪器

微型计算机。

三、实验内容

(1) 完成数字积分法直线插补算法的插补过程。
(2) 完成数字积分法圆弧插补算法的插补过程。

四、实验原理

1. 数字积分法(DDA)的特点

脉冲分配均匀,易于实现多坐标直线插补联动或平面上各种曲线。

2. 基本原理

积分函数的面积计算公式如下:

$$F = \sum_{i=0}^{n-1} \Delta F_i = \sum_{i=0}^{n-1} y_i \Delta t \xrightarrow{\Delta t = 1} \sum_{i=0}^{n-1} y_i$$

数字积分法插补原理示意图如图 5.2-1 所示。

3. 数字积分法直线插补

$$x = \sum_{i=0}^{n-1} \Delta x; \qquad y = \sum_{i=0}^{n-1} \Delta y$$

走出直线的关键是 x, y 按照一定的规律变化。数字积分法插补步进进给方向如图 5.2-2 所示。

$$\sum x_e + x_e \rightarrow \sum x_e \xrightarrow{溢出} \Delta x$$

$$\sum y_e + y_e \rightarrow \sum y_e \xrightarrow{溢出} \Delta y$$

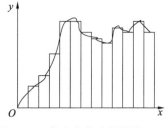

图 5.2-1　数字积分法插补原理示意

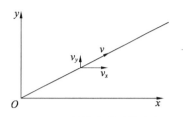

图 5.2-2　插补步进进给方向

NC 插补时,设置两个被积函数寄存器 J_{v_x},J_{v_y},再设置两个累加器对 J_{Rx},J_{Ry} 进行累加。累加器的溢出作为此方向的进给,余数仍存在累加器中。

4. 数字积分法直线插补流程

数积积分法直线插补运算框图如图 5.2-3 所示,插补流程如图 5.2-4 所示。

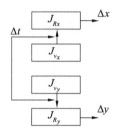

图 5.2-3　DDA 直线插补运算框图

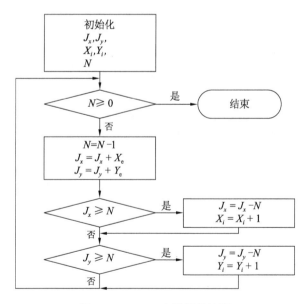

图 5.2-4　DDA 直线插补流程

5. 数字积分法圆弧插补

第 I 象限逆圆 DDA 插补计算如下:

$$\begin{cases} x = \displaystyle\int_0^t (-y)\,\mathrm{d}t = -\sum_{i=1}^n y_i \cdot \Delta t \\[2mm] y = \displaystyle\int_0^t x\,\mathrm{d}t = \sum_{i=1}^n x_i \cdot \Delta t \end{cases}$$

（1）在圆弧插补时，X 向的被积函数和 Y 向的被积函数均为动点值。

（2）在圆弧插补时，$\pm X$ 向进给由 Y 向的被积函数控制；$\pm Y$ 向进给由 X 向的被积函数控制。

（3）圆弧插补的终点判别是根据计算出的动点坐标位置值与圆弧的终点坐标值做比较确定。

6. 数字积分法圆弧插补框图

数字积分法圆弧补框图如图 5.2-5 所示。

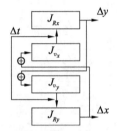

图 5.2-5　DDA 圆弧插补运算框图

五、实验步骤

1. 数字积分法直线插补

DDA 直线插补：用十进制插补直线，终点坐标为 (8,6)，$m=10$，$n=1$，$k=0.1$，填写逐点比较法直线插补过程表（见表 5.2-1），并画出插补轨迹图。

表 5.2-1　逐点比较法直线插补过程

累加次数	终点 X_e	终点 Y_e	x 轴数字积分器				y 轴数字积分器			
			被积函数寄存器 J_{v_x}	累加器 J_{R_x}	累加器溢出脉冲 Δx	坐标 x_i	被积函数寄存器 J_{v_y}	累加器 J_{R_y}	累加器溢出脉冲 Δy	坐标 y_i
0										
1										
2										
3										
4										
5										

2. 数字积分法圆弧插补

DDA 插补:用十进制插补第 I 象限逆圆,起点坐标为(3,4),终点坐标为(0,5),$m=10$,$n=1$,$k=0.1$,填写 DDA 圆弧插补过程表(见表 5.2-2),并画出插补轨迹图。

表 5.2-2　DDA 圆弧插补过程

累加次数	起点坐标 X_0	起点坐标 Y_0	终点坐标 X_e	终点坐标 Y_e	x 轴数字积分器				y 轴数字积分器			
					被积函数寄存器 J_{v_x}	累加器 J_{R_x}	累加器溢出脉冲 Δx	坐标 x_i	被积函数寄存器 J_{v_y}	累加器 J_{R_y}	累加器溢出脉冲 Δy	坐标 y_i
0												
1												
2												
3												
4												

思 考 题

1. 如果直线不在原点应如何处理?设脉冲当量为 1,起点坐标为(-2,-3),终点坐标为(3,4),填写数字积分法直线插补过程表,并画出插补轨迹图。

2. 设脉冲当量为 1,圆弧起点坐标为(3,4),终点坐标为(5,0),圆心坐标(0,0),填写数字积分法圆弧插补过程表,并画出插补轨迹图。

实验三　刀具半径补偿原理实验

一、实验目的

（1）了解刀具半径补偿原理。

（2）掌握刀具半径补偿转接类型的判别方法。

（3）掌握直线接直线时转接点坐标的计算方法。

二、实验仪器

微型计算机。

三、实验原理

1. 转接类型的判断

根据两段程序轨迹在工件侧的角度，即转接角 α，可判断转接类型：

插入型：$0 < \alpha < 90°$。

伸长型：$90° \leqslant \alpha < 180°$。

缩短型：$180° \leqslant \alpha < 360°$。

使用矢量法计算并判断转接类型，定义方向矢量和刀具半径矢量分别为

$$L_d = X_L i + Y_L j \; ; r_d = X_d i + Y_d j$$

设零件相邻两直线轮廓中，第一段为 L_1，起点为 (X_0, Y_0)，终点为 (X_1, Y_1)，第二段为 L_2，起点为 (X_1, Y_1)，终点为 (X_2, Y_2)，相应的方向矢量投影分量为 $X_{L_1}, Y_{L_1}, X_{L_2}, Y_{L_2}$，长度分别为 d_1, d_2，则方向矢量分别为 $L_{d_1} = X_{L_1} i + Y_{L_1} j ; L_{d_2} = X_{L_2} i + Y_{L_2} j$。由此可推导出

$$\sin \alpha = -\mathrm{sgn}(r)(Y_{L_2} \cdot X_{L_1} - Y_{L_1} \cdot X_{L_2})$$
$$\cos \alpha = -\mathrm{sgn}(r)(Y_{L_2} \cdot X_{L_1} + X_{L_1} \cdot X_{L_2})$$

由此可获得转接类型的判断条件：

① 插入型。当 $0 < \alpha < 90°$ 时，有 $\sin \alpha > 0$ 且 $\cos \alpha > 0$，即

$$\mathrm{sgn}(r)(Y_{L_2} \cdot X_{L_1} - Y_{L_1} \cdot X_{L_2}) < 0 \text{ 且} (Y_{L_2} \cdot Y_{L_1} + X_{L_1} \cdot X_{L_2}) < 0$$

② 伸长型。当 $90° \leqslant \alpha < 180°$ 时，有 $\sin \alpha > 0$ 且 $\cos \alpha \leqslant 0$，即

$$\mathrm{sgn}(r)(Y_{L_2} \cdot X_{L_1} - Y_{L_1} \cdot X_{L_2}) < 0 \text{ 且} (Y_{L_2} \cdot Y_{L_1} + X_{L_1} \cdot X_{L_2}) \geqslant 0$$

③ 缩短型。当 $180° \leqslant \alpha < 360°$ 时，有 $\sin \alpha < 0$，即

$$\mathrm{sgn}(r)(Y_{L_2} \cdot X_{L_1} - Y_{L_1} \cdot X_{L_2}) > 0$$

2. 刀具半径补偿计算

刀具半径补偿计算是指运用矢量法，求出刀具半径补偿过程中刀具中心轨迹在各转接点处的坐标值。

四、实验步骤

（1）选用 ϕ18 mm 铣刀加工如图 5.3-1 所示的 $OABC$ 形状的轮廓。点 P 为刀具起点和终点。计算图 5.3-1 所示刀补建立、刀补进行和刀补撤销过程中直线接直线的各转接点 O_1（刀补建立），A_1，B_1，C_1 和 O_2（刀补撤销）的坐标值，并填入表 5.3-1。

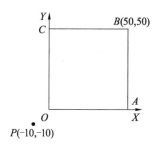

图 5.3-1　加工轮廓

表 5.3-1　转接点的坐标

转接点	坐标
O_1	
A_1	
B_1	
C_1	
O_2	

（2）在图 5.3-2 中用虚线画出刀补建立、刀补进行和刀补撤销过程中刀具半径补偿的刀具中心轨迹。

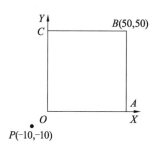

5.3-2　刀具中心轨迹

 思 考 题

如果是直线转接圆弧，那么应如何计算转接点？举例说明。

课程六　数控机床伺服及检测技术

❋　实验一　旋转编码器特性测试实验　❋

一、实验目的

(1) 了解旋转编码器的工作原理。

(2) 掌握利用编码器测定转速的方法。

(3) 掌握利用编码器测定转角的方法。

二、实验设备

(1) HK01 电源控制屏。

(2) HK03 涡流测功系统导轨。

(3) DJ25 直流电动机。

(4) HK47 旋转编码器测试箱(频率计数器)。

(5) 双踪示波器。

三、实验内容

(1) 观测编码器的输出波形。

(2) 测定编码器的旋转速度。

(3) 测定编码器的旋转角度。

四、实验原理

旋转编码器是集光机电技术于一体的速度位移传感器。其结构如图 6.1-1 所示。当旋转编码器轴带动光栅盘旋转时,经发光元件发出的光被光栅盘狭缝切割成断续光线,并被接收元件接收产生初始信号。该信号经后继电路处理后,输出脉冲或代码信号,如图 6.1-2 所示。由于 A,B 两相相差 90°,可通过比较 A 相在前还是 B 相在前判断编码器的正转与反转。通过零位脉冲,可获得编码器的零位参考位。

旋转编码器的特点是体积小、重量轻、品种多、功能全、频响高、分辨能力高、力矩小、耗能小、性能稳定、使用可靠、寿命长等。

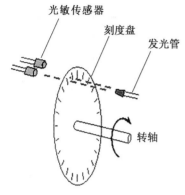

图 6.1-1 光电编码器结构

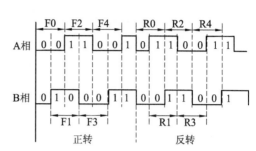

图 6.1-2 光电编码器的相序图

五、实验步骤

（1）波形观察及方向判断（不带电动机）

缓慢转动轴部，用双踪示波器观测每相的波形及任两相的波形并依次判断转向。双踪示波器的接线如图 6.1-3 所示，将观测的波形记录在图 6.1-4 中。

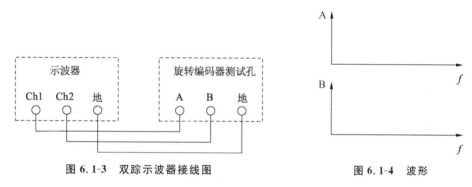

图 6.1-3 双踪示波器接线图

图 6.1-4 波形

（2）验证转速、频率的函数关系

电动机控制接线如图 6.1-5 所示，调节电动机转速，n 取值范围为 $0\sim2\,000$ r/min，每间隔 300 r/min 用频率计测量一次频率 f，将结果记录在表 6.1-1 中。

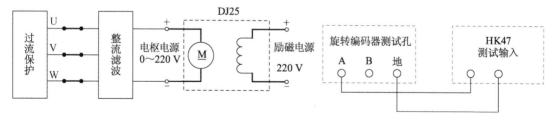

图 6.1-5 电动机控制接线图

表 6.1-1 频率 f

序号	$n/(\text{r/min})$	f/kHz	序号	$n/(\text{r/min})$	f/kHz
1	2 000		5	800	
2	1 700		6	500	
3	1 400		7	200	
4	1 100				

（3）验证转角、脉冲数的函数关系

手动调节指针到零刻度，向一个方向旋转编码器，每 $30°$ 用计数器读出其脉冲数 N，将结果记录在表 6.1-2 中。

表 6.1-2 脉冲数 N

序号	$Q/(°)$	N	序号	$Q/(°)$	N
1	0		8	210	
2	30		9	240	
3	60		10	270	
4	90		11	300	
5	120		12	330	
6	150		13	360	
7	180				

六、实验报告

（1）绘制波形。

（2）绘制转速、频率的函数关系 $n=f(f)$，验证函数关系。

（3）绘制转角、脉冲数的函数关系 $Q=f(N)$，验证函数关系。

❋ 实验二　旋转变压器特性测试实验 ❋

一、实验目的

（1）研究旋转变压器的空载和负载输出特性。

（2）了解旋转变压器的应用。

二、实验设备

（1）HK01 电源控制屏。

（2）HK56 旋转变压器中频电源。

（3）XSZ-1 旋转变压器实验装置。

三、实验内容

（1）测定正余弦旋转变压器的空载输出特性。

（2）测定负载对输出特性的影响。

（3）正余弦旋转变压器的线性应用。

四、实验原理

旋转变压器的定子和转子之间的磁通分布符合正弦规律，因此，当激磁电压加到定子绕组上时，通过电磁耦合，转子绕组产生感应电动势，如图 6.2-1 所示。其输出电压的大小取决于转子的角向位置，即随着转子偏移的角度呈正弦变化。由变压器原理，设原边绕组匝数为 N_1，副边绕组匝数为 N_2，$k=N_1/N_2$ 为变压比，当原边输入交变电压

$$U_1 = U_m \sin \omega t$$

时，副边产生感应电动势

$$E_2 = kU_1 = kU_m \sin \omega t$$

当转子绕组的磁轴与定子绕组的磁轴位置为任意角度 θ 时，绕组中产生的感应电动势应为

$$E_2 = kU_1 \sin \theta = kU_m \sin \omega t \sin \theta$$

式中：k——变压比；

　　U_1——定子的输入电压；

　　U_m——定子最大瞬时电压。

当转子转到两磁轴平行时，即 $\theta=90°$ 时，转子绕组中感应电动势最大，即

$$E_2 = kU_m \sin \omega t$$

旋转变压器转子绕组输出电压的幅值量严格地按转子偏转角的正弦规律变化，其频率和激磁电压的幅值相同。

旋转变压器具有结构简单,动作灵敏,对环境无特殊要求,维护方便,输出信号幅度大,抗干扰性强,工作可靠等特点。

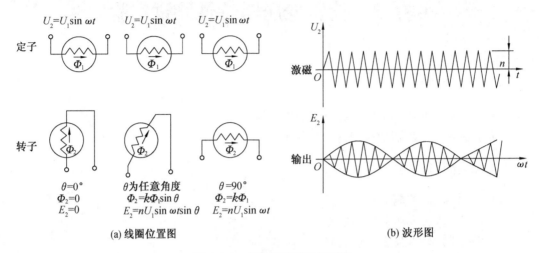

(a) 线圈位置图 (b) 波形图

图 6.2-1　旋转变压器工作原理

五、实验步骤

1. 测定正余弦旋转变压器空载时的输出特性

(1) 按图 6.2-2 接线。图中 R_L 均用屏上 900 Ω 串联 900 Ω 共 1 800 Ω 阻值,并调定在 1 200 Ω 阻值。D_1,D_2 为激磁绕组,Z_1,Z_2 为余弦绕组,打开 S_3。

(2) 定子励磁绕组两端 D_1,D_2 施加额定电压 U_{fN}(60 V,400 Hz)且保持不变。

(3) 缓慢旋转刻度盘,找出余弦输出绕组输出电压为最小值的位置,此位置即为起始零位。

(4) 在 0°~180°间,U_{fN}＝60 V 时,每 10°测量转子余弦空载输出电压 U_{r0} 与刻度盘转角 α 的数值,并将结果记录于表 6.2-1 中。

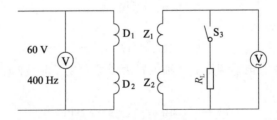

图 6.2-2　正余弦旋转变压器空载及负载实验接线图

表 6.2-1　空载时输出电压 U_{r0} 与 α 的数值

序号	$\alpha/(°)$	U_{r0}/V	序号	$\alpha/(°)$	U_{r0}/V
1	0		11	100	
2	10		12	110	
3	20		13	120	
4	30		14	130	
5	40		15	140	
6	50		16	150	
7	60		17	160	
8	70		18	170	
9	80		19	180	
10	90				

2. 测定负载对输出特性的影响

(1) 在图 6.2-2 中,将开关 S_3 闭合,使正余弦测量旋转变压器带负载电阻 R_L 运行。

(2) 重复步骤 1 中的(2)—(4),在 $U_{fN}=60$ V 下,测量余弦负载输出电压 U_{rL} 与转角 α 的数值并记录于表 6.2-2 中。

表 6.2-2　负载输出电压 U_{rL} 与 α 的数值

序号	$\alpha/(°)$	U_{rL}/V	序号	$\alpha/(°)$	U_{rL}/V
1	0		11	100	
2	10		12	110	
3	20		13	120	
4	30		14	130	
5	40		15	140	
6	50		16	150	
7	60		17	160	
8	70		18	170	
9	80		19	180	
10	90				

3. 正余弦旋转变压器作线性应用

(1) 按图 6.2-3 接线。图中 R_L 均用屏上 900 Ω 串联 900 Ω 共 1 800 Ω 阻值,并调定在 1 200 Ω 阻值固定不变。

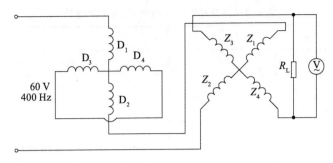

图 6.2-3　正余弦旋转变压器作线性应用时的接线图

（2）重复步骤 1 中的（2）—（4），在 $-60°\sim60°$ 间，$U_{fN}=60$ V，每 $10°$ 测量输出电压 U_r 与转角 α 的数值并记录于表 6.2-3 中。

表 6.2-3　线性应用时输出电压 U_r 与 α 的数值

序号	$\alpha/(°)$	$U_r(V)$	序号	$\alpha/(°)$	$U_r(V)$
1	-60		8	10	
2	-50		9	20	
3	-40		10	30	
4	-30		11	40	
5	-20		12	50	
6	-10		13	60	
7	0				

六、实验报告

（1）根据表 6.2-1 的实验记录数据，绘制正余弦旋转变压器空载时输出电压 U_{r0} 与转子转角 α 的关系曲线，即 $U_{r0}=f(\alpha)$。

（2）根据表 6.2-2 的实验记录数据，绘制正余弦旋转变压器负载时输出电压 U_{rL} 与转子转角 α 的关系曲线，即 $U_{rL}=f(\alpha)$。

（3）根据表 6.2-3 的实验记录数据，绘制正余弦旋转变压器作线性应用时输出电压 U_r 与转子转角 α 的关系曲线，即 $U_r=f(\alpha)$。

实验三 步进电动机特性测试实验

一、实验目的

（1）了解步进电动机的工作原理。

（2）熟悉步进电动机驱动电源。

（3）掌握步进电动机基本特性的测定方法。

二、实验设备

（1）HK01 电源控制屏。

（2）HK03 涡流测功系统导轨。

（3）HK54 步进电动机控制箱。

（4）步进电动机。

（5）双踪示波器。

三、实验内容

（1）步进电动机单步运行，并观测各相绕组的输出波形。

（2）观测步进电动机角位移与脉冲数的关系。

（3）研究步进电动机平均转速与脉冲频率的关系。

四、实验原理

步进电动机的工作原理是利用电子电路，将直流电变成分时供电的多相时序控制电流。用这种电流为步进电动机供电，步进电动机才能正常工作。驱动器就是为步进电动机分时供电的多相时序控制器。

步进电动机分为永磁式（PM）电动机、反应式（VR）电动机和混合式（HB）电动机。

步进电动机的工作原理如图 6.3-1 所示，通常电动机的转子为永磁体，当电流流过时，定子绕组产生一矢量磁场。该磁场会带动转子旋转，使得转子的磁场方向与定子的磁场方向一致。当定子的矢量磁场旋转一定角度，转子也随着该磁场旋转一定角度。每输入一个电脉冲，电动机转动一个角度前进一步。它输出的角位移与输入的脉冲数成正比，转速与单位时间的脉冲数成正比。改变绕组通电的顺序，电动机就会反转。所以可通过控制脉冲数量、频率及电动机各相绕组的通电顺序来控制步进电动机的转动。

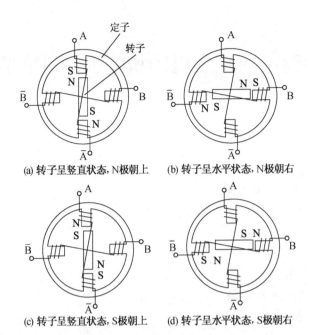

(a) 转子呈竖直状态，N极朝上　　(b) 转子呈水平状态，N极朝右

(c) 转子呈竖直状态，S极朝上　　(d) 转子呈水平状态，S极朝右

图 6.3-1　步进电动机工作原理

步进电动机旋转方向与内部绕组的通电顺序相关，例如，三相步进电动机有如下 3 种工作方式：

① 单三拍工作方式通电顺序如图 6.3-2a 所示。

② 双三拍工作方式通电顺序如图 6.3-2b 所示。

③ 三相六拍工作方式通电顺序如图 6.3-2c 所示。

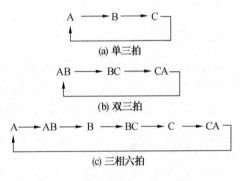

(a) 单三拍

(b) 双三拍

(c) 三相六拍

图 6.3-2　三相步进电机通电顺序

步进电动机的主要特点：

① 步进电动机必须加驱动才可以运转，驱动信号必须为脉冲信号，没有脉冲的时候，步进电动机静止；如果加入适当的脉冲信号，步进电机就会以一定的角度（称为步距角）转动，转动的速度和脉冲的频率成正比。

② 步进电动机具有瞬间启动和急速停止的优越特性。

③ 改变脉冲的顺序，可以改变电动机的转动方向。

五、实验步骤

1. 电路的外部接线

按照图 6.3-3 所示进行电路的外部接线。

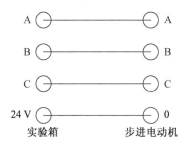

图 6.3-3　电路接线图

2. 单步运行

接通电源,将控制系统设置为单步运行状态,或复位后,按【执行】键,步进电动机运行一个步距角,绕组相应的发光管亮,再不断按【执行】键,步进电动机转子也不断做步进运动。若改变电动机的转向,电动机做反向步进运动。

3. 连续运行

接通电源,将控制系统设置为连续运行状态(单三相),按【执行】键,绕组相应的发光管亮,步进电动机连续做步进运动,同时用示波器观察绕组中的电压波形,并在图 6.3-4 中记录 A,B 相绕组的波形。复位后重新设置连续运行状态,先按【转向】键,再按【执行】键,改变电动机的转向,电动机做反向步进运动。

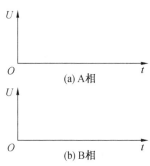

图 6.3-4　A,B 相绕组电压波形

4. 角位移与脉冲数的关系

接通控制系统电源,将步进控制单元设置为连续运行状态,预设步数后,按【执行】键,电动机运转,观察并记录电动机偏转角度的数值于表 6.3-1 中,并利用公式计算电动机偏转角度与实际值是否一致。

表 6.3-1　电动机偏转角度

序号	设置步数	电动机实际偏转角度/(°)	电动机理论偏转角度/(°)	误差
1				
2				
3				
4				
5				

5. 平均转速与脉冲频率的关系

接通电源,将控制系统设置于连续运行状态,再按【执行】键,电动机连续运转,改变速度调节旋钮,测量频率 f 与对应的转速 n,即 $n = f(f)$,将结果记录在表 6.3-2 中。

表 6.3-2　平均转速与脉冲频率的关系

f/Hz	$n/(\text{r/min})$

六、实验报告

(1) 绘制 A,B 相绕组的电压波形。

(2) 绘制平均转速与脉冲频率的关系曲线。

◆ 步进电动机的使用说明

(1) 开启电源开关,面板上的 5 位数字频率计将显示"000";由 5 位 LED 数码管组成的步进电动机运行状态显示器自动进入"9999—8888—7777—6666—5555—4444—3333—2222—1111—0000"动态自检过程,而后停止在系统的初始态"—|.3"。

(2)【设置】键:显示状态为"—|.3"或"—|.3000","—|.3"表示单步运行状态,"—|.3000"表示连续运行状态。

(3)【拍数】键:显示状态在"—|"、"］"和"╾"之间切换,分别表示三相单拍、三相六拍和三相双三拍运行方式。

(4)【转向】键:状态显示器的首位在"—|"与"|—"之间切换,"—|"表示正转,"|—"表示反转。

(5)【数位】键:用于设置步数,可使状态显示器逐位显示"0",出现小数点的位即为选中位。

(6)【数据】键:写入相应位的数字。

(7)【执行】键:电动机运行。

(8)【速度调节】旋钮:改变电脉冲的频率,从而改变步进电动机的转速。

实验四 交流伺服电动机特性测试实验

一、实验目的

（1）了解交流伺服电动机的工作原理。

（2）掌握交流伺服电动机调节特性的测试方法。

二、实验设备

（1）HK01 电源控制屏。

（2）HK03 涡流测功系统导轨。

（3）HK57 交流伺服电动机。

（4）HK57 交流伺服电动机控制箱。

（5）双踪示波器。

三、实验内容

（1）测试交流伺服电动机的调节特性。

（2）观察电动机自转现象。

四、实验原理

交流伺服电动机就是一台两相交流异步电动机。它的定子上装有 2 个相位差为 $90°$ 的绕组：励磁绕组和控制绕组，其结构如图 6.4-1 所示。

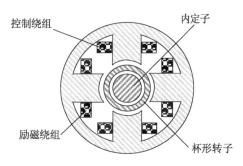

图 6.4-1 交流伺服电动机结构

图 6.4-2 中所示励磁绕组串联电容 C，是为了产生两相旋转磁场。适当选择电容的大小，可使通入 2 个绕组的电流相位差接近 $90°$，从而产生所需的旋转磁场。

控制电压与电源电压频率相同，相位相同或相反。

工作时 2 个绕组中产生的电流 $\dot{I}_1$ 和 $\dot{I}_2$ 的相位差近于 $90°$，因此便产生两相旋转磁场。在旋转磁场的作用下，转子转动。

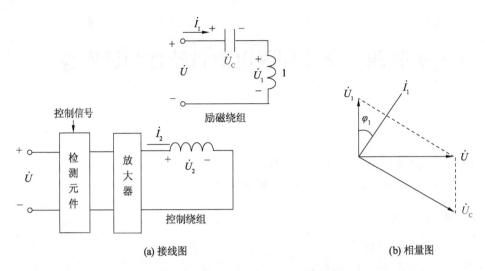

(a) 接线图   (b) 相量图

图 6.4-2　交流伺服电动机的接线图和相量示意

　　加在控制绕组上的控制电压反相时(保持励磁电压不变),由于旋转磁场的旋转方向发生变化,使电动机转子反转。

　　交流伺服电动机在运行时,如果控制电压变为 0,则电动机立即停止旋转。

　　交流伺服电动机的机械特性如图 6.4-3 所示。

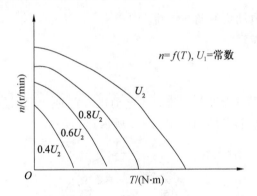

图 6.4-3　不同控制电压下的机械特性曲线

　　在励磁电压不变的情况下,随着控制电压的下降,特性曲线减小。在同一负载转矩作用时,电动机转速随控制电压的减小而均匀减小。

五、实验步骤

(1) 测定交流伺服电动机的调速特性。

① 断开三相交流电源,按图 6.4-4 所示接线。

② 启动主电源,调节三相调压器,使 $U_f = 220$ V,电动机空载。逐次调节单相调压器,使控制电压 U_c 从 220 V 逐次减小直到 0 V。

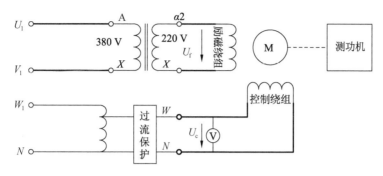

图 6.4-4　交流伺服电动机幅值控制接线图

③ 将每次所测得的控制电压 U_c 与电动机转速 n 记录在表 6.4-1 中。

表 6.4-1　　　　　　　$U_f=$_____ V

U_c/V	$n/(r/min)$

（2）观察交流伺服电动机的"自转"现象。

① 按图 6.4-4 接线，启动主电源，调节调压器，使 $U_c=220$ V，$U_f=110$ V，再将 U_c 开路，观察电动机是否有"自转"现象。

② 按图 6.4-4 接线，启动主电源，调节调压器，使 $U_c=220$ V，$U_f=110$ V，再将 U_c 调到 0 V，观察电动机有没有"自转"现象。

六、实验报告

（1）绘制交流伺服电动机的调速特性 $n=f(U_c)$。

（2）分析交流伺服电动机没有产生"自转"现象的原因。若产生"自转"现象，则说明消除的方法。

模块 C

模具成型与特种加工技术类实验

课程七　冲压工艺及模具设计

实验一　冲压工艺及模具

一、实验目的

（1）了解液压机的机型及其工作原理传动。

（2）了解冲压件拉延成形的过程，掌握拉延工艺型面、拉延工艺参数及板料参数的确定方法。

（3）初步掌握板料在拉延成形过程中的流动规律和特点。

（4）了解常见拉延模具的类型、结构和工作原理，具备拆装模具结构的能力。

（5）初步掌握在冲压机上安装和调试拉延模具的方法。

（6）掌握实验数据的测试和处理技能。

（7）培养综合分析问题的能力。

二、实验设备

（1）能改变压边力和冲压速度的 315 t 液压试验机。

（2）拉延模。

（3）板材：普通钢板、高强度钢板，板厚 0.5～3 mm。

（4）测量工具：千分尺、组合工具等。

（5）拉延模拆卸、组装常用工具。

三、液压试验机工作原理

图 7.1-1 为变压边力和变冲压速度的单动薄板液压试验机的结构示意。该液压试验机可以实现复杂拉延件成形过程中的总压边力大小的闭环控制及优化分配和上滑块冲压速度的合理变化，从而控制板料流动的方向和大小、薄板应变速率，最终得到符合成形质量要求的复杂拉延件。

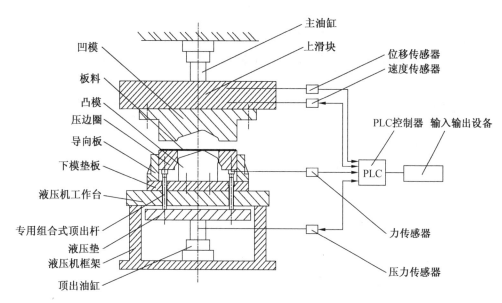

图 7.1-1 单动薄板液压试验机结构示意

表 7.1-1 试验机基本技术参数

序号	名称		取值
1	公称力/kN		3 150(可调)
2	回程力/kN		600
3	液压垫力/kN		0~600
4	开口高度/mm		1 250
5	滑块行程/mm		800
6	液压垫行程/mm		350
7	滑块速度	空下/(mm/s)	200
		工作/(mm/s)	3~20 可稳定调节
		回程/(mm/s)	50
8	液压垫速度	上升/(mm/s)	35
		退回/(mm/s)	80
9	液压垫有效尺寸/(mm×mm)		940×940
10	工作台有效尺寸/(mm×mm)		1 200×1 200
11	冲裁缓冲力/kN		3 150(全吨位缓冲)
14	功率/kW		69

四、实验步骤

(1) 现场拆卸拉延模结构,了解模具自身定位方式、凸凹模工作过程及板料、工序件和废料从模具中的卸出方法。

(2) 据实验拉延零件的图纸和 CAD 数模设计拉延工艺方案,并与原有的实际拉延工艺方案对比。

（3）将拉延模安装在液压机工作台上，进行拉延成形实验。

（4）调整不同的拉延深度得到不同的拉延数模，观察并记录在不同拉延工艺数模下的拉延成形情况。

（5）分别调整冲压速度、压边力、拉延筋、坯料尺寸和厚度、摩擦系数，观察并记录在不同拉延工艺参数下的成形情况。

（6）更换不同型号的板料，调整板料的抗拉强度、屈服强度、各向异性指数、硬化指数，观察并记录不同材料的成形情况。

（7）观察拉延模在冲压机上的安装、调试。

（8）观察拉延件破裂情况，进行拉延件几何参数、起皱量、回弹量的测量。

（9）拉延件质量的分析和讨论。

五、实验报告

（1）画出拉延模的简易总装图，标明主要工作部件的名称及作用，如图 7.1-2 所示。

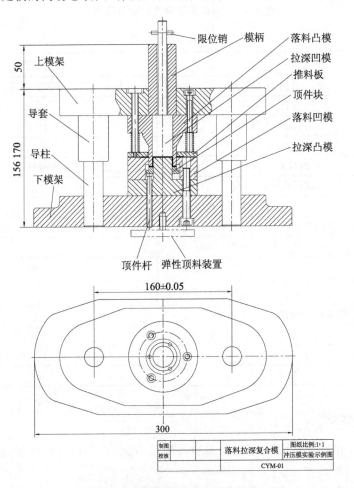

图 7.1-2　落料拉深复合模装配图

（2）编写拉延件的拉延工艺方案。

（3）初步分析拉延件的缺陷及其产生原因。

六、注意事项

（1）必须在专职老师的指导下，才能进行压力机的冲压操作。

（2）模具结构拆卸时，必须按照操作规程操作，操作过程中要轻拿轻放。

课程八 塑料成型工艺与模具设计

❋ 实验一 注塑模具结构拆装实验 ❋

一、实验目的

(1) 掌握注塑模具工作原理、结构组成和主要零部件的功能和作用。

(2) 掌握注塑模具正确的拆卸步骤、装配方法和使用工具。

(3) 掌握单分型面注塑模具的测绘和装配工程图表达的方法。

二、实验用具

(1) 注塑模具教学模型,企业级注塑模具,注塑机 HTF250X1。

(2) 拆卸工具(铜棒、木槌、起子、扳手等钳工工具)、量具等。

三、实验内容

1. 注塑模具工作原理

注塑模具基本结构都是由定模和动模两大部分组成的。定模部分安装在注塑机的固定板上,动模部分安装在注塑机的移动板上。注塑成型时,定模部分和随液压驱动的动模部分,经导柱导向而闭合后处于合模状态,塑料熔体从注塑机喷嘴经模具的浇注系统进入型腔,注塑成型冷却固化后,由注塑机液压驱动进行开模,即定模和动模分开,一般情况下注塑件留在动模型芯上,动模中的顶出机构将注塑件推出模外,完成脱模过程。

2. 注塑模具分类

注塑模具的分类方法很多,根据不同的分类依据可以对注塑模具进行不同的分类,主要分类方法如下:

(1) 按塑件所用材料分类:热塑性塑料注塑成型模具和热固性塑料注塑成型模具。

(2) 按注塑成型机分类:卧式、立式和直角式注塑模具。

(3) 按模具的型腔数量分类:单型腔(单分型面)注塑模具、多型腔(多分型面)注塑模具、斜导柱侧向抽芯注塑模具和斜销内抽芯注塑模具等。

3. 注塑模具基本组成

(1) 定模成型相关零件:构成塑料形状的模具型腔,包括定模固定板、定模板(A 板)和定模型腔。

(2) 动模成型相关零件:构成塑料形状的模具型芯,包括动模固定板、动模板(B 板)、动模型芯、动模支撑板和两侧垫板等。

（3）浇注相关零件：熔融塑料从注塑机喷嘴所流过模具内的通道，包括浇口套、定位圈和拉料杆等。

（4）顶料相关零件：模具分型以后将注塑件顶出的机构，包括上推板、下推板、顶杆、回程杆和压缩弹簧等。

（5）导向相关零件：确保动、定模之间正确导向和定位的机构，包括导套和导柱等。

（6）冷却和加热相关零件：起到加热或者冷却模具的作用，包括冷却套、接头、加热元件和加热连接元件等。

（7）抽芯相关零件：完成侧向抽芯或者内行位抽芯的作用，包括滑块、斜导柱等。

四、实验步骤

（1）注塑模具预判分析。

总体上进行观察，分析模具的基本结构、模架形式和工作原理，判断出模具的类型。

（2）注塑模具拆卸方法。

① 分开模具的动模和定模部分。

② 拆卸定模，找出和定模相关的零部件，基本顺序：依次拆卸定位圈连接螺钉、定位圈和浇口套、定模固定板上的连接螺钉、定模固定板、定模板（包括定模型腔）和导套。

③ 拆卸动模，找出和定模相关的零部件，基本顺序：依次拆卸紧固螺钉、动模固定板、两侧垫块、拆卸推板紧固螺钉、上推板和下推板、顶杆、回程杆、动模支承板、动模板（包括动模型芯）和导柱。

④ 找出顶出杆、推板、回程杆等和顶料相关的零部件。

⑤ 找出定位圈、浇口套和拉料杆等和浇注相关的零部件。

⑥ 找出定模型腔和动模型芯，以及和它们相关零部件的装配类型和位置关系。

⑦ 分析抽芯形式、结构组成、运动方式和工作原理。

⑧ 分析模具的其他部件，比如导向结构、支撑零件和连接螺钉等。

有必要对上述零部件进行编号，记录相互配合关系及其位置关系。

（3）测绘和制图。

对上述注塑模具的零件和组件进行测绘，现场绘制草图，整理装配图作为实验报告内容之一，建议采用 CAD 或者三维 CAD 进行装配建模和制作工程图。

（4）注塑模具装配复位。

完成零件的测绘后，擦净零件，先装配成组件，再将组件装配、总装和适当调整，使得注塑模具恢复原状。

（5）整理清点拆装和测绘工具，打扫现场卫生。

五、注意事项

（1）分工合作、熟记安全注意事项，工具轻拿轻放。

（2）工具、量具和拆卸下的零件摆放有序，做好相关标记。

（3）不能拆卸的部位，不能强行拆卸。

（4）不得随意触摸、敲打模具的刃口和棱边。

六、实验报告

（1）思考题。

① 叙述注塑模具的主要类型及主要的组成零部件。

② 注塑模具常用的抽芯机构有哪些类型？

（2）绘制注塑模具的装配工程图（合模状态）。

绘制和整理注塑模具的装配图（包括指明其模具名称、主要视图、主要零件名称、零件示意图、型芯型腔材料及其热处理、主要装配尺寸等）。

课程九　精密与特种加工

实验一　激光打标实验

一、实验目的

(1) 了解激光打标设备的结构、加工特点、基本原理及应用场合。

(2) 学会利用激光打标机的控制软件进行简单图形的编辑。

(3) 掌握激光打标机的基本操作方法。

二、实验要求

(1) 熟悉激光打标机的结构及各部分的功用。

(2) 熟悉激光打标设备的控制软件及操作,学会简单图形的编辑及参数设置。

(3) 了解激光打标工艺参数的选择与加工质量之间的关系。

(4) 典型材料和图案的激光打标工艺设计及设备的简单操作。

三、实验原理

自从 1960 年世界上第一台激光器诞生以来,激光成为一种材料加工的"万能工具",革新了传统的机械加工方法,在工业生产中得到了广泛的应用。目前激光加工技术主要包括激光切割、激光焊接、激光打标、激光热处理、激光雕刻及激光打孔等。特别是随着人们对产品质量和美观要求的日益提高,高效的激光打标和雕刻技术的应用已经成为许多用户的选择。

1. 激光的特点

激光是一种光,除了具有光的一般物性(如反射、折射、绕射及干涉等)外,还具有高亮度、高方向性、高单色性和高相干性 4 大特点,为普通光源所望尘莫及,因此给激光加工带来了巨大优势。

2. 激光器

激光加工设备包括激光器、导光聚焦系统、控制系统及加工机 4 个部分,典型激光加工设备基本组成如图 9.1-1 所示。其中激光器是激光加工的重要设备,它将电能转变成光能,产生激光束。通常由工作物质、谐振腔和泵浦源 3 部分组成,激光器按工作物质的形态可分为固体激光器、气体激光器、半导体激光器、准分子激光器和光纤激光器。

目前激光打标和激光雕刻机中常用的激光器有 YAG 固体激光器、光纤激光器和 CO_2

气体激光器几种,而其选用原则是根据具体加工材料性质而定,如加工不锈钢、铝合金、铸铁、钛合金等金属时,一般选用声光调 Q 的固体 YAG 激光器或光纤激光器作为光源,而对于非金属材料,如塑料、木材、有机玻璃、橡胶、皮革、纸质品、电器元器件等,一般选用 CO_2 气体激光器作为光源。

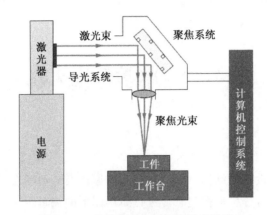

图 9.1-1　典型激光加工设备基本组成

3. 激光加工原理

激光加工是激光束高亮度(高功率)、高方向性特性的一种技术应用。其基本原理是把具有足够功率(或能量)的激光束聚焦后照射到材料适当的部位,材料在接受激光照射能量后,在极短的时间内便开始将光能转变为热能,被照部位迅速升温。根据不同的光照参量,材料可以发生气化、熔化、金相组织变化以及产生相当大的热应力,从而达到工件材料被去除、连接、改性和分离等加工目的,如图 9.1-2 所示。

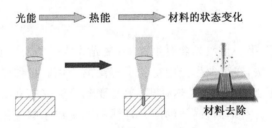

图 9.1-2　激光加工原理示意图

四、实验设备

本实验采用深圳大族激光公司生产的 YAG 型激光打标机(见图 9.1-3)。激光打标机是集激光技术、精密机械、电子技术和计算机技术于一体的高新技术产品,广泛适用于电子、计算机、钟表及五金等行业,可雕刻多种金属(不锈钢、铝、铁、铜等)和非金属(ABS,PVC 等)材料,具有输出功率大、体积小、雕刻精度高、速度快、稳定性好、无污染、噪音低等特点。

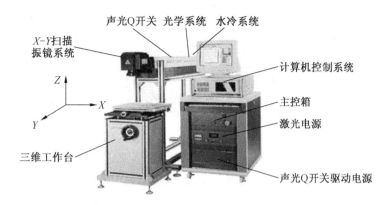

图 9.1-3 YAG/M50 激光打标机

1. YAG 激光打标机的组成

YAG 激光打标机由主控箱、激光电源，声光 Q 开关系统，X/Y 振镜系统、光学系统、水冷系统、软件操作系统、工作台等组成。计算机控制系统内装有打标专用软件(Han's Mark 3000 软件)，主机后有 1 个激光打标专用接口板，其作用是将数字信号转化为模拟信号，从而驱动 X，Y 2 个振镜，使激光束在空间运动。

(1) 主控箱(YAG 灯泵浦电源)

主控箱的作用是控制整台设备的运行，包括对激光电源、声光 Q 开关驱动器、X/Y 振镜驱动器、冷水系统的供电及控制及报警系统的控制及指示。

(2) 光电源(半导体电源)

该连续激光电源采用新型功率器件 IGBT 构成功率驱动单元，电路为斩波降压式，控制方式为 PWM(脉宽调制)。该电源输出电流的纹波小，电流稳定度高，配合点灯监控回路，实现自动点灯，使一次点灯成功率达 95% 以上。

(3) 声光 Q 开关系统

声光 Q 开关系统由声光 Q 开关(简称 Q 头)和配套驱动电源(简称 Q 驱)两部分组成。其作用是利用声光衍射原理将连续的 Nd：YAG 激光调制成高峰值功率的脉冲激光。目的是为了抑制弛豫振荡，使全部激光能量压缩在一个窄脉冲时间里释放出来。由声光介质、换能器及驱动源构成。

(4) X/Y 振镜系统

振镜采用高稳定性精密位置检测传感技术及动磁式和动圈式偏转工作方式设计，驱动器采用全新拓扑电路设计，在计算机控制下输出一个伺服信号控制振镜偏转，从而精确地雕刻出图形。

(5) 光学系统

光学系统包括 Nd：YAG 激光器、扩束镜、光学聚焦的透镜和振镜扫描器上的反射镜。

Nd：YAG 激光器：由聚光腔、声光 Q 开关、前后腔膜片等组成，如图 9.1-4 所示。

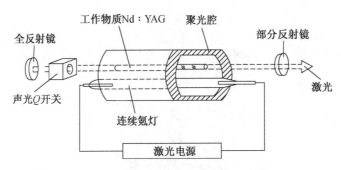

图 9.1-4　ND：YAG 激光器的结构示意

YAG 激光器聚光腔：Nd：YAG 激光器采用金属聚光腔，腔内为单灯（氙弧光灯）单棒（YAG 晶体）结构。腔体、YAG 晶体和氙灯均需水冷，在腔体底部有 1 个进水口和 1 个出水口，冷却水采用去离子水或蒸馏水。聚光腔为镀金椭圆体成像腔。

声光 Q 开关：它是通过在光学反馈路径上交替地开启和阻断光路来形成激光脉冲的一种设备，其结构如图 9.1-5 所示。

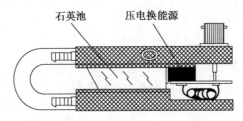

图 9.1-5　声光 Q 开关结构

声光 Q 开关安装在聚光腔和全反镜之间，由射频同轴电缆、插头与驱动电源相连，并用水冷却。驱动器安装在主机柜内，其功能是产生一个频率为 27 MHz、电压为 110～150 V、功率为 20～50 W 的射频功率信号，并通过频率为 1～30 kHz 外调制脉冲信号进行调制，有温度保护功能。

激光谐振腔膜片：均由 $\phi 20$ mm×3 mm 的光学平面玻璃制成，两表面各镀高反射膜与高增透膜，分别安装在 2 个精密的二维机械调节架上。

扩束镜：扩束镜在激光打标系统中的作用是对激光束进行扩束，以减小射出激光光束的发散度。

光学扫描振镜：光学扫描振镜的作用是使照射在其上的激光束发生偏转。

"$F-\theta$"镜组：它是光学聚焦系统，聚焦透镜组采用后聚焦的方式，将聚焦透镜安装在振镜扫描器后面，采用专门设计的 $F-\theta$ 平场透镜，不管光束如何移动，其焦点始终保持在一个平面上，保证了标记区域内光斑大小和能量密度的一致。

（6）水冷系统

水冷系统包括冷水机和外制冷机两部分。该系统向激光器和 Q 开关器件提供恒温循环冷却水，是激光器长期、稳定、可靠工作的保证。

（7）软件操作系统

该系统是一个基于矢量图形打标并具备扩展文字处理、精确绘图和精美打标功能的打标控制软件。

（8）工作台

三维工作台的高度与镜头的焦距相配合。Z 轴做上下移动，用于调节工件加工平面与镜头的焦距平面的高度。X 轴做左右调节，Y 轴做前后调节，X、Y 轴用于精确定位，使工件精确地定位于一点。

2．YAG 激光打标机的工作原理

由激光电源激励连续氪弧灯，发出的光经过聚光腔辐射到 Nd：YAG 激光晶体上，再经过激光谐振腔共振后产生连续激光。该激光束通过声光 Q 开关调制后，变为近百千瓦的高峰值功率和高重复频率的脉冲激光。脉冲激光束经扩束镜扩束后，顺序投射到 X、Y 振动镜上。振镜扫描器在计算机的控制下产生按程序编排的快速摆动，使激光束在平面 X、Y 两维方向上进行扫描。通过 F-θ 光学聚焦透镜组激光束聚焦在加工物体的表面，形成一个个微细的、高能量密度的光斑，每一个高能量的激光脉冲瞬间在物体表面烧蚀并溅射出一个极细小的凹坑。不断重复这一操作，预先编排好的字符、图形等内容就永久地被蚀刻在物体表面上，如图 9.1-6 所示。

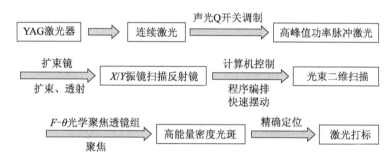

图 9.1-6　YAG/M50 型激光打标机基本工作原理

3．打标技术原理

（1）振镜式打标技术

图 9.1-7 中 2 个镜片分别负责 X 方向和 Y 方向的扫描，与电视成像原理相同，镜片 1 负责行扫描，镜片 2 负责帧扫描。一幅文字图案依靠从上到下一行行地扫描，激光束以一定角度照射到镜片 2，再反射到 1，最后通过 F-θ 聚焦镜照射到打标物体上。激光束到达需要打出标记的位置时，计算机产生光信号，振镜扫过打标位置后，立即停止出光。

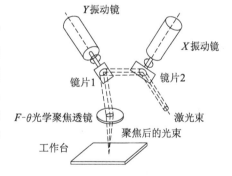

图 9.1-7　振镜式打标结构示意

（2）其他激光打标技术

① 掩模式激光打标技术。激光束经望远镜扩束后，通过刻有图形文字的掩模板，在工件表面打出全部图形文字。它主要适合于大批量生产且图形文字固定的电子元器件的加工。

② 点阵式激光打标技术。点阵式激光打标技术采用 7 支封离式陶瓷 CO_2 激光管，7 支激光管通过 1 个共用的聚焦镜头，在工件上打出 7 个斑点。它主要适用于包装上生产保质

日期、批号、系列号、密码等的加工。

4. 焦点的调整

焦点位置影响照射到加工表面的聚焦能量密度，从而影响打标的质量，因此焦点位置的选择要适当。激光打标时，实际焦点位置一般以在工件表面或微低于工件表面为宜，如图 9.1-8 所示。

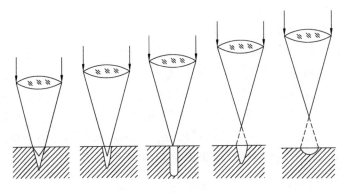

图 9.1-8　焦点的调整

五、实验步骤

1. 软件启动

软件启动后的界面如图 9.1-9 所示。

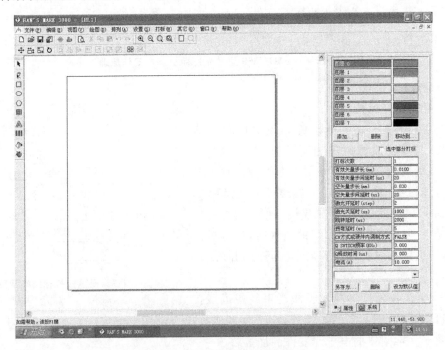

图 9.1-9　打标控制软件初始界面

2. 打标参数设置

(1) 有效矢量步长(建议值:0.01 mm)

作用:笔画划分成多等份,每份的长度。

太大:打标出的笔画不够精细,稀疏,无深度,打标速度快。

太小:打标出的笔画精细,致密,有深度,但打标速度慢。

(2) 有效矢量步间延时(建议值:20 μs)

作用:走每份笔画步长所需时间。

太大:打标出的笔画精细,致密,有深度,打标速度慢。

太小:打标出的笔画不够精细,稀疏,无深度,打标速度快。

(3) 空矢量步长(建议值:0.03 μs)

作用:空笔画划分成许多等份,每份的长度。

太大:空笔画处理时间短,打标总时间减少,但会出现笔画相连的情况。

太小:空笔画处理时间长,打标总时间增加。

(4) 空矢量步间延时(建议值:20 μs)

作用:走每份空笔画步长所需时间。

太大:空笔画处理时间 K,打标总时间增加。

太小:空笔画处理时间短,打标总时间减少,但会出现笔画相连的情况。

(5) 激光开延时(建议值:2 步)

作用:一个笔画结束后,到另一个笔画的开始,由于存在着首脉冲问题,开始点会形成重点。让振镜往前走一段距离,再打开激光。

太大:振镜往前走得太多,激光才打开,笔画的开始会不够长。

太小:振镜往前走得太少,激光就打开,笔画开始点会出现重点。

3. 文件导入

在该系统中,除了可以自己绘制图形外,还可以接收其他标准格式的图形、图像文件,如 HP‐GL 格式的 PLT 文件、图形交换格式的 DXF 文件、位图 BMP 文件。这些文件可由通用的处理软件生成,如用 AutoCAD 生成 PLT 文件、DXF 文件,CorelDRAW 生成 PLT 文件、DXF 文件、BMP 文件,Photoshop 生成 BMP 文件。

用这些软件生成上述文件,通过导入功能,即可在控制软件中直接调用,且能保持正确的大小比例而不用调整。导入的图形是一个组合对象,可以使用命令"取消组合"将其打散,变成多个无关联的对象。

4. 文本绘制

在当前图层编辑文本,在欲输入文本的地方单击鼠标,弹出文本编辑对话框,如图9.1-10所示。其中文本分为"固定部分"与"跳号部分"。选定固定部分按钮,则弹出编辑对话框,如图 9.1-11 所示,其中,TTF 字体为 Windows 操作系统标准字体,而 SHX 字体为 AutoCAD 的 SHX 文件。

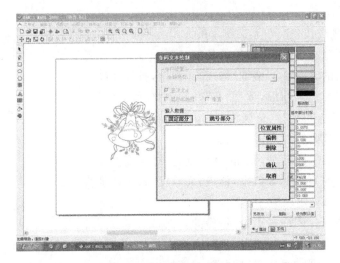

图 9.1-10   固定文本输入

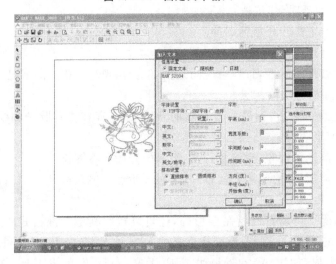

图 9.1-11   固定文本编辑

5. 条码输入

选择菜单栏"绘图/条码"或者工作区左边的"▥"按钮。

条码类型：从组合框中选择需要的条码类型。PDF417 码和 Data Matrix 码为二维码，其余为一维码。

文本填充：选中该项，在对条码进行填充时，文本也相应得到填充；若未选中，则仅对条码进行填充。

垂直：将条码垂直放置，但文本或跳号仍固定为默认状态（水平）或当前状态。

位置属性：设置条码与文本的位置关系。

注意：不能对条码进行旋转操作。

6. 填充设置

选择菜单栏中的"绘图/填充"或者工作区左边的"填充工具"图标，对对象进行填充，弹出对话框如图 9.1-12 所示,填充方式分水平线填充和垂直线填充 2 种,可以任选其中一种,设置好对应的填充线间距进行填充;也可以同时选择两种,设置好各自对应的填充线间距进行填充。填充好的对象由 2 部分组成:边框部分和填充部分。若 2 部分所选图层相同,则利用相同的打标参数集打标;若 2 部分所选择的图层不同,则利用各自对应图层的不同打标参数集进行打标。

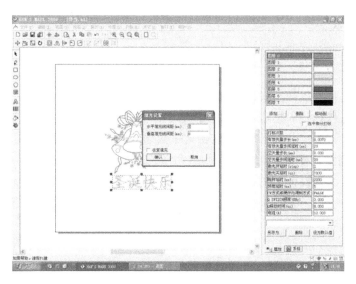

图 9.1-12　填充设置框

7. 打标操作

(1) 打标前,首先需要按照要求启动设备,然后调整激光焦距。

激光打标机开机顺序:

① 接通外供电电源。

② 启动主电源:顺时针旋动钥匙开关打开电源,按下启动按钮。

③ 启动激光电源:按下启动按钮,待数秒钟后,氪灯即被触发引燃。

④ 打开 Q 驱动器电源开关,使声光 Q 进入工作状态。

⑤ 打开计算机电源开关进入打标软件。

⑥ 打开振镜驱动器电源开关,使振镜进入工作状态。

(2) 将先前编辑的图形、文本和条码进行打标,并选择合适的打标参数对金属箔片打标。

(3) 激光打标机的关机顺序。

① 使振镜停止工作,将主控箱面板上的振镜驱动器电源开关拨到"OFF"位置。

② 关闭激光电源,按下激光电源箱上的停止按钮。

③ 关闭 Q 驱动器电源。

④ 关闭主电源。

⑤ 将计算机返回到初始操作系统,关闭计算机电源。

⑥ 切断外供电电源。

激光打标的注意事项：

① 不得在密封罩打开的情况下使用。

② 激光打标时，不得离工作区域太近，防止激光辐射伤害皮肤。

③ 在激光打标过程中，严禁用眼睛直视出射激光或反射激光，以防损害眼睛。

④ 机器周围禁止堆放杂物，尤其是易燃品。

六、实验报告

（1）实验目的。

（2）实验要求。

（3）简述激光打标机的工作原理，画出光学谐振腔和振镜部分的示意图。

（4）简述激光打标机的结构特点和性能参数。

（5）选择激光打标工艺和参数，完成给定金属箔片的加工，根据加工后的图。形定性分析激光打标时不同激光参数对加工表面质量和加工效率影响的规律。

（6）阐述目前激光打标机的主要应用行业，并列举典型适用产品类型。

实验二 激光雕刻(切割)实验

一、实验目的

(1) 了解激光雕刻机的结构组成、加工特点、基本原理及应用场合。
(2) 学会利用激光雕刻机的控制软件进行简单图形的编辑。
(3) 掌握激光雕刻机基本操作方法。

二、实验要求

(1) 熟悉激光雕刻机的结构及各部分的作用。
(2) 熟悉激光雕刻机的控制软件及操作,学会简单图形的编辑及参数设置。
(3) 了解激光雕刻工艺参数的选择与加工质量之间的关系。
(4) 典型材料和图案的激光雕刻工艺设计及设备的简单操作。

三、实验原理

激光雕刻形式多样,但基本原理相同。激光束经过导光聚焦系统后射向被雕刻材料,利用激光和材料相互作用,将材料的指定范围除去,而在未被激光束照射到的地方材料保持原样。通过控制激光的开关、激光脉冲的能量、激光光斑的大小、光斑运动轨迹和光斑运动速度,就可以使材料表面留下有规律的且具有一定深度、尺寸和形状的凹点和凸点,这些凹凸点就是所要雕刻的立体图案。

四、实验设备

激光雕刻时,本实验采用广东粤铭生产的 CMA-960F 激光雕刻机(见图 9.2-1)。

1. 激光雕刻设备的基本组成

CMA-960F 型激光雕刻机由激光器、光学系统、机械控制系统、电气驱动系统、水冷系统、吸尘系统、计算机控制系统组成。

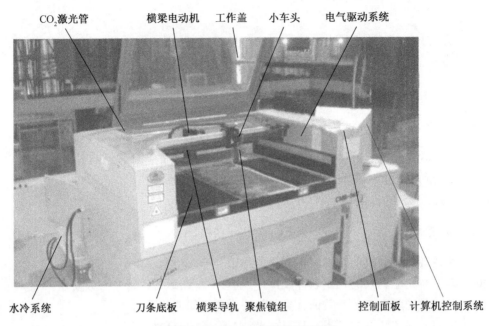

CO₂激光管　横梁电动机　工作盖　小车头　电气驱动系统

水冷系统　　刀条底板　横梁导轨　聚焦镜组　　　控制面板　计算机控制系统

图 9.2-1　CMA-960F 型激光雕刻机

横梁电动机和侧壁的电动机驱动器构成电气驱动系统；1～3 号反射镜、4 号聚焦镜组和激光头构成激光雕刻机的导光聚焦光学系统；与激光打标机不同，此系统还有机械控制系统；横梁导轨、小车头及刀条底板构成了机械控制系统。由于激光打标机加工深度范围为 0.01～0.3 mm，加工深度较浅，而激光雕刻机的加工深度大于 0.3 mm，鉴于此情况，激光雕刻机配备了专用的吸尘系统，以保证机床在清洁高效的环境下进行加工。典型激光雕刻机的结构示意如图 9.2-2 所示。

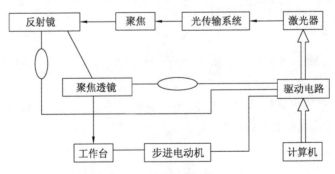

图 9.2-2　激光雕刻机的结构示意

激光器选用的是封离型 CO_2 激光器，其结构如图 9.2-3 所示，这种激光器的工作气体不流动，直流自持放电产生的热量靠玻璃管或石英管壁传导散热，热导率低，泵浦方式是气体放电激励，工作介质双原子或三原子分子，由于放电过程中，部分 CO_2 分子分解为 CO 和 O，需要补充新鲜气体以防止 CO_2 含量减小导致激光输出下降，加入少量 H_2O 和 H_2 作为催化剂，输出功率为 50～70 W/m。

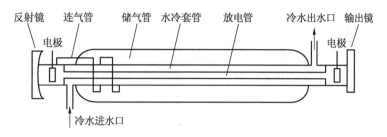

图 9.2-3 封离式 CO_2 激光器基本结构

2. 激光传输系统

移动式的导光系统常用的有 2 种,一种是利用镜片反射原理制作出激光导光臂,另一种是把激光耦合进光纤,利用光纤对激光进行传输。

普通的导光臂主要由光传输系统和光聚焦系统组成,其光路如图 9.2-4 所示。系统使用了 3 块反射镜,光束通过导向元件可以灵活移动,扩大了使用范围,增强了系统的灵活性。

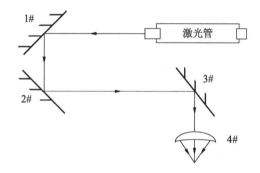

图 9.2-4 CMA-960F 激光雕刻机的移动式导光臂光学系统

利用光纤传输激光使得激光雕刻不受雕刻形式和雕刻幅面的影响,而且减少了其他传导激光方式的振动及环境的影响,激光经全反镜和扩束镜后,通过光纤耦合器射入光纤,再由光纤传输输出,最后由聚焦镜聚焦在工件表面,但精密性好,但成本较高,用途不广。

五、实验步骤

1. 软件启动

启动激光雕刻控制软件。

2. 雕刻参数设置

(1) 雕刻深度的影响因素

雕刻速度值、最小深度值、最大光度值及扫描精度都能影响雕刻的深度。雕刻速度值越大,雕刻深度越小;雕刻最小深度值越大,雕刻深度越大;雕刻最大光度值越大,雕刻深度越大;扫描精度越大,组成图形的线条越密,效果精细,雕刻深度越大,但雕刻速度慢。当雕刻深度不足时,可以通过减小速度值或提高扫描精度来增大深度。

一般激光雕刻速度小于 1 060 mm/s,激光切割速度小于 600 mm/s。

清扫速度设置一般为 5~10 m/mim,勾边速度设置一般为 0.5~2 m/mim。

（2）雕刻方式

勾边：只雕刻图形或笔划的外框。

原线：只雕刻图形或笔划的中心轴线，适用于细线和粗线均匀线条的雕刻。

阴刻：将图形或笔划部分向下雕刻。

阳刻：将图形或笔划部分保留，其余部分向下雕刻。

3. 文件导入

激光雕刻切割机软件支持的图形格式有 BMP，PLT，JPG，JPEG，GIF。其中 PLT 格式为矢量图，故有精确度高、文件量小、运算快等优点；BMP 格式的最大优点就是可以直接扫描输出，节省了制图时间。两种格式的综合运用满足了不同客户的雕刻需要，解决了多次设置参数的问题，可一次性的雕刻输出，提高了工作效率。

（1）BMP 格式的基本操作

此格式是以点阵图形式存在的文档格式，可通过选区来定义输出参数。选区的工具有矩形选区和画笔选区。选区（块）定义完后，必须将其归入组中，因为雕刻参数是以组为单位设置的。将鼠标移至块区域内部，点击鼠标右键，选择分组设置，如图 9.2-5 所示。

定义除了选块之外的全部区域的雕刻参数采用整体设置，如图 9.2-6 所示。

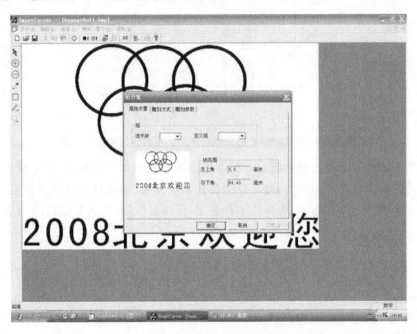

图 9.2-5　BMP文本格式的分组设置

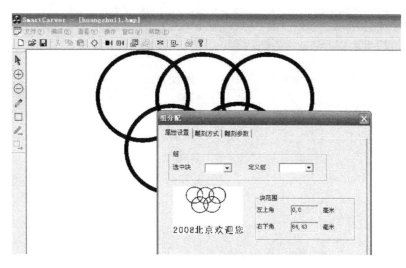

图 9.2-6　BMP文本格式的整体设置

（2）PLT 格式的基本操作

PLT 格式是基于画笔颜色的不同而进行属性设置的。应用此格式可以更直观地运用不同颜色去完成不同雕刻要求的一次性雕刻输出。应用 PLT 格式时首先选择文件中不同部分，右击鼠标，点击增加笔号，如图 9.2-7 所示，然后根据不同笔号进行属性设置，如图 9.2-8 和图 9.2-9 所示。

图 9.2-7　增加不同笔号

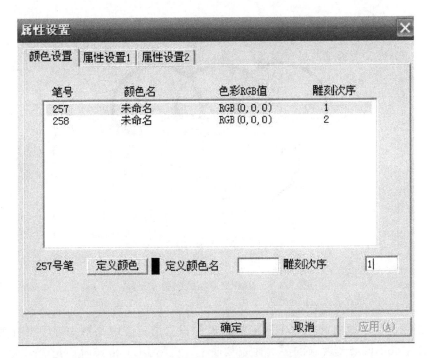

图 9.2-8　PLT文本定义操作顺序

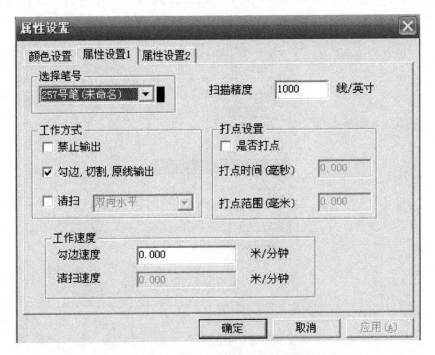

图 9.2-9　PLT 文本根据不同笔号进行属性设置

（3）对各组设置好雕刻方式、雕刻参数后，进行归位点设置，如图 9.2-10 所示，最后进行雕刻输出，如图 9.2-11 所示。在输出端口下拉列表中选择连接雕刻机的正确端口，视情况选择是否需要镜像，以及选择是全部输出还是分组输出。

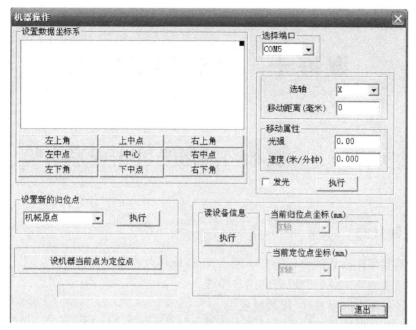

图 9.2-10 归位点坐标设置

图 9.2-11 输出雕刻

3. 雕刻操作

（1）雕刻前，首先需要按照要求步骤启动设备，然后调整激光焦距。

（2）将先前编辑的图形或文本进行雕刻，并选择合适的雕刻参数对玻璃板进行雕刻。

（3）关闭激光雕刻机及计算机。

六、实验报告

（1）实验目的。

（2）实验要求。

（3）简述激光雕刻机的工作原理，画出移动式导光臂工作示意图。

（4）简述激光雕刻机加工的结构特点和性能参数。

（5）选择激光雕刻工艺和参数，完成给定玻璃片的加工，根据加工后的图形定性分析激光雕刻时不同激光参数对加工表面质量的影响规律。

（6）阐述激光雕刻机的实际应用场合及适用材质。

课程十　激光加工技术

实验一　金属板料的激光冲击成形实验

一、实验目的

（1）了解激光冲击成形设备的基本组成、工作原理及操作步骤。

（2）掌握激光冲击成形的原理和工艺步骤。

（3）会制备冲击成形试样、涂覆吸收层。

（4）掌握激光能量等关键参数对激光冲击成形效果的影响规律。

二、实验设备

$Nd3+$:YAG激光冲击成形设备1台,其实物图如图10.1-1所示,内部结构如图10.1-2所示,设备参数见表10.1-1。

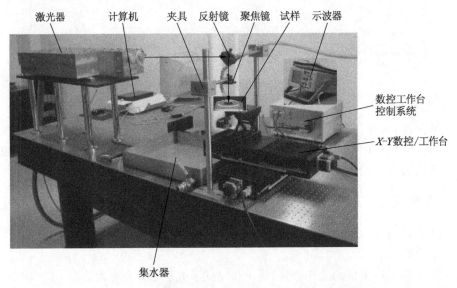

图 10.1-1　Spitlight 2000 YAG 激光冲击成形设备实物图

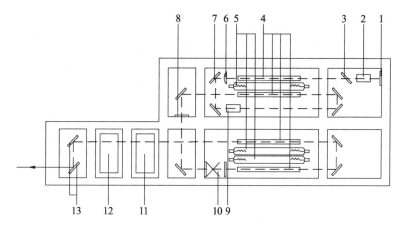

1—尾镜;2—pockel 单元;3—四分之一波片;4—YAG 棒;5—Xe 灯;6—变量反射镜;

7—反射镜;8—二分之一波片;9—隔离器;10—套镜;11—二次谐波发生模块;

12—三次谐波发生模块;13—选择性输出波长反射镜

图 10.1-2　Spitlight 2000 YAG 激光冲击成形设备内部结构

表 10.1-1　激光冲击成形设备参数

参数	说明	参数	说明
工作物质	Nd:YAG	重复频率/Hz	10
激光波长/nm	1064/532/355	光斑能量分布	准高斯
脉冲能量/J	$\leqslant 2$	光斑形状	圆形
脉冲宽度/ns	<8	聚焦尺寸/mm	$\phi 0.2\sim 2$

三、激光冲击成形原理

　　激光冲击成形技术是利用激光诱导产生的冲击波压力在金属板料表面产生深度分布的高幅残余应力场使金属板料产生变形的方法。高功率密度短脉冲激光束照射覆盖在金属表面的能量转换体,能量转换体由对激光透明的约束层和能够吸收大量激光能量吸收层组成,当激光束通过透明的约束层照射到试件表面的吸收层时,吸收层吸收激光能量气化产生等离子体爆炸,迅速膨胀的等离子体被限制在约束层和金属表面之间,产生一个向金属内部传播的高、强压力冲击波,使金属板料产生微观塑性应变,进而在金属表面及内部产生深层的分布的残余压应力场,甚至引起板材表面或者整体发生宏观塑性变形。最终,在内部应力场和宏观塑性变形综合作用下,获得最终的成形结果。如图 10.1-3 所示。

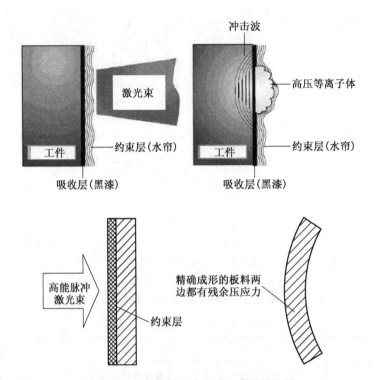

图 10.1-3　金属板料激光喷丸成形原理图

在约束模式下，Fabbro 等建立了作用于靶材表面的冲击波峰值压力与入射激光能量、靶材和约束层关键参数的量化关系，即

$$P_{\max} = 0.01 \sqrt{\frac{\alpha}{2\alpha+3}} \sqrt{Z/(\mathrm{g/cm^2\,s})} \sqrt{I(\mathrm{GW/cm^2})}\ \mathrm{GPa}$$

其中，α 为激光与金属靶材的作用效率，通常取 $\alpha = 0.1$；I 为激光功率密度；Z 为靶材与约束层的复合阻抗，复合阻抗 Z 的定义为

$$\frac{2}{Z} = \frac{1}{Z_1} + \frac{1}{Z_2}$$

其中 Z_1, Z_2 分别为靶材和约束层的阻抗。

实验中涉及常见材料的阻抗如下：水阻抗 $Z_{\mathrm{water}} = 0.148 \times 10^6$ g · cm^{-2} · s^{-1}，铜阻抗 $Z_{\mathrm{Cu}} = 3.685\,2 \times 10^6$ g · cm^{-2} · s^{-1}，铝阻抗 $Z_{\mathrm{Al}} = 1.505\,8 \times 10^6$ g · cm^{-2} · s^{-1}。

激光功率密度 I 定义为

$$I = \frac{4E}{\pi d^2 \tau}$$

其中，E 是单脉冲能量；d 是光斑直径；τ 是脉冲宽度。

无论是内部应力场和宏观塑性变形都与激光冲击过程中关键工艺参数密切相关，因此调整关键激光工艺参数，则可控制最终成形效果。

四、实验内容

（1）教师讲解激光冲击成形原理和工艺步骤。

（2）教师讲解激光冲击成形设备的基本构成、工作原理和操作步骤。

① 打开外置水冷机，设为 15 ℃，第一行为实时温度，第二行为设定温度。

② 打开激光器控制电柜后的一电源开关，平时有倍频晶体工作时，此开关可常开，往上拨为开。打开控制程序 SP2000，如图 10.1-4 所示，点击"Password"｜输入密码"innolas"出现如图 10.1-5 所示的控制界面，确认光纤通信正常。

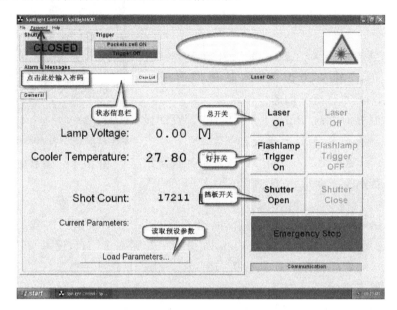

图 10.1-4　打开控制程序显示界面

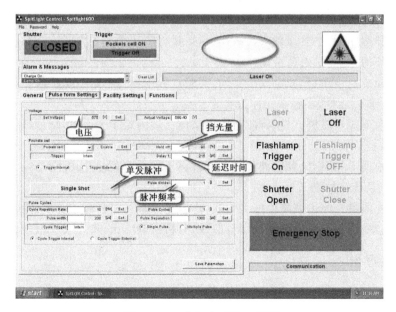

图 10.1-5　输入密码显示界面

③ 将激光器控制柜上的钥匙沿顺时针方向从"0"旋转到"1"（见图 10.1-6），然后旋转至"START"停滞 1～2 s，松开钥匙后自动复位到"1"，此时激光器启动，"Laser Emission（琥珀色）"亮，激光器出口处两小灯亮，随后在软件中进行参数检查，"Pulse Form Setting"中 Pulse rate 中"cycle trigger"处于"inter"状态。在"general"中可查看参数。

④ 按下控制界面上的"Laser On"，开启激光总开关，等"Laser stop"转变为黑色（同时硬件面板上"READY"变绿），则可进行下面的操作。

⑤ 打开控制界面上的"Pulse Form Setting"页面设置实验参数，只调整 2 个参数，其他设置不变。

图 10.1-6　旋转激光器钥匙

a. Voltage：设定范围 530～630 V，实际值比设定值高 10～15 V。控制激光能量，一般使用 630 V 和 640 V 2 种。

b. Pulse divider：设为"0"时，为单脉冲，点击"Single Shot"发射一次激光；控制脉冲频率：设为 n（$n \geqslant 1$）时，激光脉冲频率为 10/n，如设为"1"，频率 10 Hz，设为"10"，频率 1 Hz。1064 可设为"1"，绿光时容易眩晕，可设为"10"，即 1 Hz。n 只可为整数。

⑥ 参数设置完毕后，顺次按下"Flashlamp Trigger On"和"Shutter Open"，发射激光。

⑦ 实验完毕后，顺次按下"Flashlamp Trigger OFF""Shutter Close"和"Laser Off"，当电压降至 310 V 左右时关闭循环水（逆时针旋转 90°，"1 ON"→"0 OFF"），并将激光器控制柜上的钥匙从"1"旋至"0"，即可关闭激光器。

（3）在老师指导下，学生准备实验试样（包括板材的选择和表面吸收层贴覆）。

（4）在老师指导下，学生装夹试样。

（5）老师操作，实施激光冲击成形实验；实验过程中，更换试样（试样尺寸相等），改变激光参数，主要为激光能量，实施激光冲击实验。

（6）学生取下冲击成形试样，将冲击成形试样一端固定于平面上，用量具量取另一端翘曲高度，记录数据。

（7）学生根据 FABBRO 冲击波计算公式计算不同激光能量作用下，作用于试样表面的冲击波峰值，记录计算结果。

（8）作激光能量—冲击波峰值压力曲线，作激光能量—板材翘曲高度曲线。

（9）根据激光冲击成形的原理和所得曲线，分析实验结果，撰写实验报告。

五、实验报告

（1）实验目的。

（2）实验设备。

（3）实验原理。

（4）实验步骤。

（5）实验结果记录和分析。

① 激光能量-变形量曲线。

② 分析讨论。

（6）思考题。

① 简述激光冲击成形和传统成形方法的不同。

② 试思考板材厚度对成形效果，包括板材宏观塑性变形、翘曲方向、翘曲变形量的影响。

课程十一　快速成型技术及应用

❋ 实验一　熔融挤压原型制造实验 ❋

一、实验目的

(1) 了解熔融挤压快速成型(MEM)技术的基本原理、基本方法和应用。

(2) 了解 MEM-350 快速成型系统的基本结构。

(3) 掌握熔融挤压快速成型系统的简单操作,加深对快速原型制造方法的了解。

二、实验设备

MEM-350 系统的组成框图如图 11.1-1 所示。

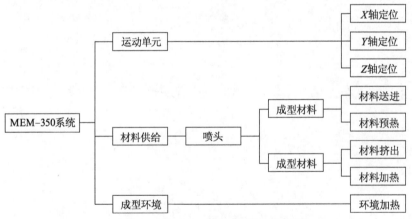

图 11.1-1　MEM-350 系统的组成框图

1. 主要参数

MEM-350 系统的主要参数见表 11.1-1。

表 11.1-1　MEM-350 系统的主要参数

操作系统	Windows98,2000,XP
工艺	MEM——熔融挤压成型
材料	ABS
扫描速度	0~80 mm/s
成型空间	350 mm(长)×350 mm(宽)×350 mm(高)

续表

操作系统	Windows98,2000,XP
精度	± 0.2 mm/100 mm
电源	4 kW,200～240 VAC,50/60 Hz
主机尺寸	900 mm(长)×1 200 mm(宽)×1 800 mm(高)
质量	约 500 kg

2. 机械结构

MEM－350 系统结构如图 11.1-2 所示。

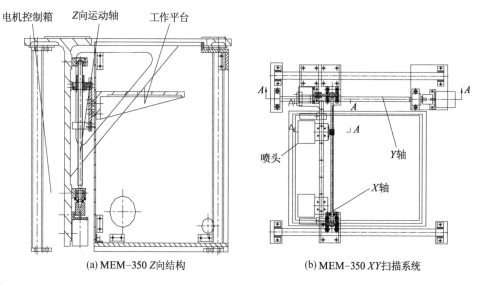

(a) MEM-350 Z向结构　　　　(b) MEM-350 XY扫描系统

图 11.1-2　MEM－350 系统的结构

3. 控制原理

MEM－350 控制系统由运动控制系统和温度控制系统两部分组成。在系统中,计算机(PC)通过数控卡控制 XYZ 扫描运动系统、喷头及送丝机构。控制系统的控制原理如图 11.1-3 所示。

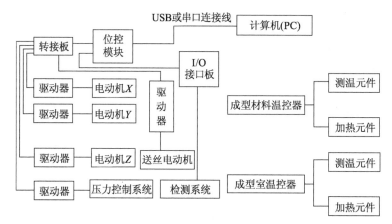

图 11.1-3　控制系统的控制原理

4. 控制软件(Cark)

运行 Cark 的执行程序,打开 MEM 控制软件(Cark)。启动应用程序后,系统显示图 11.1-4 所示界面。Cark 是一个具有 Windows 风格的软件,它的操作简单,工作界面由 3 部分构成,其中上部为菜单和工具条;左侧为工作区,显示工艺参数及系统信息等;右侧为图形窗口,显示二维 CLI 模型。

Cark 菜单栏的功能是进行各种命令操作,如设定工艺参数、设备参数、变换模型坐标、设定显示模式等。

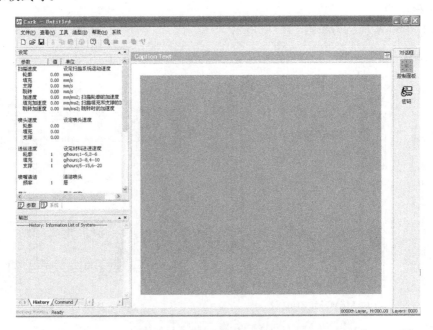

图 11.1-4　控制软件(Cark)主窗口

(1) Cark 菜单栏中部分功能介绍

系统初始化:系统将自动测试各电动机的状态;X,Y 轴回原点;自动装载变量文件和运动控制文件等 PMAC 文件。只有系统初始化后,才可以进行造型。打开新文件不需重新进行系统初始化,关闭数控按钮后需要重新进行系统初始化。

命令行:该功能是为维修调试工程师准备的,使用该命令可以向数控卡发送其可接受的任何命令,并回显 PMAC 卡的返回字符串。

控制面板:该窗口分为 3 个区域,X,Y 轴扫描区域为向 8 个方向的箭头,点击任一方向,X,Y 轴即可向该方向运动;喷头区域为控制喷头出丝;工作台区域为对工作台(Z 轴)的运动控制,点击左侧的向上或向下箭头可使工作台向上或向下运动;右侧的箭头为调整工作台的运动速度;对高的功能是使工作台自动完成对高动作,如图 11.1-5 所示。

造型:单击"造型>造型……",系统弹出"是否加热"和"选择造型层"确认对话框,"选择造型层"可以设定造型的起始层和结束层。点击"确定"按钮后,弹出造型对话框。按下"Start"按钮启动造型过程,点击"Pause"按钮暂停造型,点击"Stop"按钮停止造型,XY 轴电动机回零点。

关闭系统:系统将自动关闭温控系统及数控系统。

自动关机:在原型制作完毕后及造型过程中系统出现故障时,自动关机以保护系统。

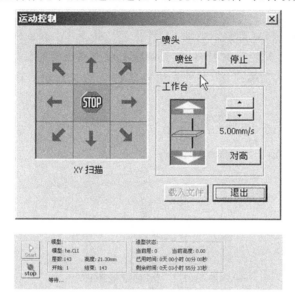

图 11.1-5　控制面板

(2) 系统菜单

MEM - 350 系统菜单显示如图 11.1-6 所示。

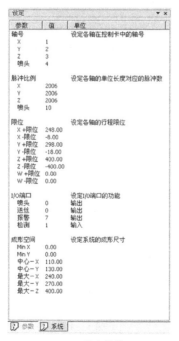

(a) 工艺参数栏　　　　(b) 参数栏

图 11.1-6　MEM - 350 系统菜单

设定系统参数须输入密码,该参数必须由维修工程师设定。

三、实验原理

MEM 即熔融挤压成形(类似于美国 FDM 工艺),是 RPM 家族中的后起之秀。该工艺以 ABS 和蜡等热熔融性材料为原材料,在其熔融温度下靠自身的黏接性逐层堆积成形。在该工艺中,材料连续地从喷嘴挤出,零件是由丝状材料的受控积聚逐步堆积成形。该工艺原理如图 11.1-7 所示。

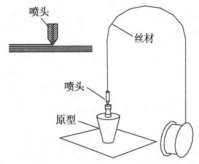

图 11.1-7　MEM 工艺原理

四、实验步骤

1. 数据准备

① 零件三维 CAD 造型,生成"STL"文件(使用 Pro/E,UG,SolidWorks,AutoCAD 2000 软件)。

② 选择成型方向,添加支撑结构(使用 Daphne 数据处理软件)。

③ 参数设置(设置分层厚度为 0.15 mm,偏置半径为 0.2 mm,填充间距为 0.5 mm 等)。

④ 对"STL"文件进行分层处理,生成"CLI"文件(使用 Daphne 数据处理软件)。

⑤ 退出 Daphne 数据处理软件系统。

2. 制造原型

原型制造流程如图 11.1-8 所示。

(1) 成型准备工作

① 打开电源,启动计算机。

② 材料及成型室预热,以 50 ℃ 为一升温梯度,将成型材料逐步升温至 220 ℃;以 10 ℃ 为一升温梯度,将成型室温度逐步升温至 55 ℃。

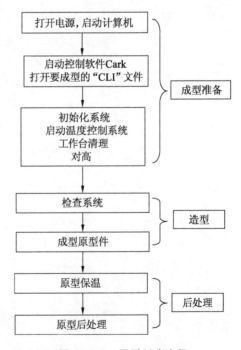

图 11.1-8　原型制造流程

③ 运行 Cark 控制软件,读出"CLI"文件。对数控系统初始化。

注意:① 尽量少开关数控按钮。关闭数控按钮后,应至少间隔 1 min 后才能再次打开数控按钮。

② 一定要先启动计算机,再按下数控按钮。

③ 开关数控按钮后一定要进行数控系统初始化。

④ 挤丝。材料温度到达 220 ℃后,按下"喷丝"按钮,将喷头中老化的丝材吐完,直至 ABS 丝光滑。

⑤ 工作台水平校准。用控制面板上的软按钮移动喷头至工作台的支承处,用调平量块通过调平螺母调节高度校准水平升降工作台时一定要小心,应低速,微调。注意:喷头不能与量块相撞,如果相撞会损坏喷头。

⑥ 工作台高度校准。将喷头移动到工作台中部,上升工作台,使之上表面接近喷嘴,微调工作台,使之间隙大约为 0.1 mm,完成高度校准。调高时严禁喷头与台面距离过小或喷嘴扎进底板,这样可能会使喷头堵死。

(2) 造型

① 设定参数。

造型需设定的参数有运动速度、喷头参数等。

② 开始造型。

输入起始层和结束层的层数。按下"Start"按钮,系统开始估算造型时间(估算造型时间应在底板对高前,以免喷头烤到底板),然后系统开始扫描成型原型。

3. 后处理

后处理包括设备降温、零件保温、去除支撑、表面处理等步骤。

(1) 设备降温

原型制作完毕后,如不继续造型,即可将系统关闭。为使系统充分冷却,至少在 10 min 后再关闭散热按钮和总开关按钮。

(2) 零件保温

零件加工完毕,下降工作台,将原型留在成型室内,薄壁零件保温 15~20 min,大型零件 20~30 min,过早取出零件会产生应力变形。

(3) 模型后处理

用小铲子小心取出原型,去除支撑,避免破坏零件,用砂纸打磨台阶效应比较明显处,用小刀处理多余部分,用填补液处理台阶效应造成的缺陷。如需要可用少量丙酮溶液将原型表面上光。

模块 D

综合类实验

课程十二　机械制造综合实验

❊　实验一　复杂产品 CAD/CAM 实验　❊

一、实验目的

(1) 掌握 UG 基本实体建模和曲面造型的基本操作。

(2) 掌握 UG CAM 软件自动编程的操作流程。

(3) 掌握 UG CAM 中型腔铣、曲面轮廓铣等加工类型的自动编程方法。

(4) 了解 UG CAM 后置处理方法。

(5) 掌握复杂零件的加工工艺规程。

二、实验设备和材料

(1) 微型计算机。

(2) UG NX6.0(或 UG NX8.5)软件。

(3) 马扎克立式加工中心、平口钳和量具。

(4) 立铣刀、球头铣刀若干(备选)。

(5) 铝件毛坯,尺寸为:长 60 mm×宽 40 mm×高 30 mm。

三、实验内容

1. UG CAD/CAM 简介

UG 功能非常的强大,其所包含的模块也非常多,涉及工业设计、分析和制造的各个层面,目前是机械行业内最好的设计软件之一。

UG CAD 提供了参数化建模、特征建模和复合建模模块及功能强大的自由曲面造型、渲染处理、动画和快速的原型工具等设计手段。

UG CAM 提供了一整套从钻孔、线切割到五轴铣削的单一加工解决方案。在加工过程中的制造几何模型、加工工艺、优化和刀具管理上,都可以与设计的主模型相关联,始终保持最高的生产效率。

UG CAM 系统由 5 个子系统模块组成,即交互工艺参数输入模块、刀具轨迹生成模块、刀具轨迹编辑模块、三维(包含 3D 和 2D)加工动态仿真模块和后置处理模块。

UG CAM 中自动车削编程、铣削自动编程和线切割自动编程的具体操作步骤有所区别,但在总体的操作思路、工艺参数设置的安排和对产生刀具轨迹的检查和可视化加工轨迹仿真方面,有很多的共同点。UG CAM 从零件设计图开始,到最终加工程序的产生,可以用框图 12.1-1 描述。

由于对于复杂零件的加工,采用手工编程难于实现,因此本实验采用在制造业中使用比较普及的高端三维软件 UG 来构建模型和自动编程。

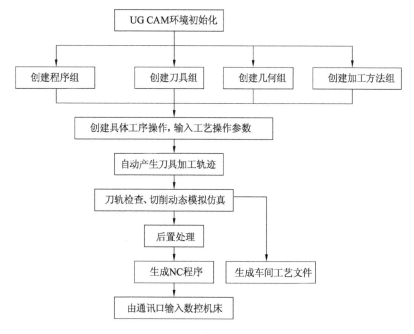

图 12.1-1　UG CAM 自动编程的流程

2. 马扎克加工中心简介

马扎克立式加工中心采用自带控制系统,能够控制 X、Y 和 Z 3 个坐标轴的联动(包括移动量、进给速度,能进行直线、圆弧的插补加工控制);电气开关量控制(包括主轴正反转、急停和定位,进给轴重启、暂停和超程保护控制、刀库驱动和换刀);主轴采用变频器无级调速控制;采用 21 把刀具的斗笠式刀库、采用气动换刀方式。中空内冷却滚珠丝杆传动机构更加保证了工作台的移动精度和重复定位精度。

该机床能完成铣削、钻、扩、铰、镗孔、攻丝、开槽等复合工序,还可以完成各类平面轮廓的粗、精铣削。通过精确的三轴联动程序控制,可以加工空间曲面零件。

3. 实验用零件加工要求

图 12.1-2 所示为本实验需要建立模型和加工的零件。因为该零件模拟鼠标外形,称之为鼠标模型。它包含主体和底座两个部分,其中主体顶面为自由曲面,是本实验建立模型和加工的重点内容;底座为长方形,主要在加工时通过 2 个侧面安装在平口钳上。

建立模型和加工的要求有:

① 整个模型构建的尺寸如图 12.1-2 所示。鼠标主体部分通过 UG 草绘功能来保证其参数的相关性。

② 鼠标模型顶面为一个自由曲面,利用 UG 中的过曲线网格构造成型,保证顶面光顺,并且保证该顶面参数的变化能引起加工刀具轨迹发生相应的变化。

③ 考虑加工时间,保证顶面加工的表面粗糙度 Ra 为 $3.2\ \mu m$ 即可,但必须保证加工后表面刀路痕迹排列整齐,无明显缺陷。

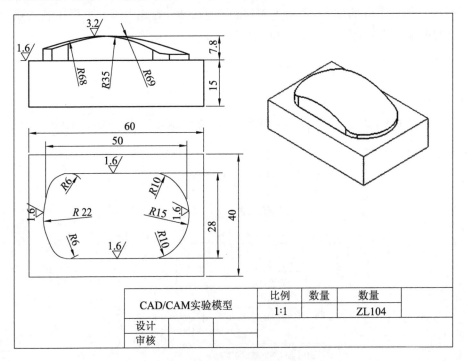

CAD/CAM实验模型	比例	数量	数量	
	1:1		ZL104	
设计				
审核				

图 12.1-2　鼠标模型尺寸图

4. 零件加工工艺规程设计和数控工序卡制定

根据加工零件的形状和尺寸,需要做好前期准备工作,确定以下内容:

① 选择定位基准,考虑零件加工时保证一次装夹。

② 按照先面后孔、先粗后精的工序原则,制订加工工艺路线。

③ 确定加工设备、刀具、夹具、量具。

④ 确定刀具参数、切削参数、软件操作时使用的加工方法的其他参数。

⑤ 选用 UG NX 软件对零件造型设计、自动编程及刀轨演示。

通过对工艺路线的分析,结合 UG CAM 加工功能,选用合理的刀具和切削用量,通过比较后,制定相应的数控加工工序卡片见表 12.1-1。

表 12.1-1　数控工序卡

工步	加工内容和加工方法	操作类型	切削方式/走刀方式	刀具选用/刀名/刀号	切削用量		
					转速/(r/min)	进给/mm	层深、步距/mm
1	粗加工毛坯外形,去除大部分余量	跟随型芯型腔铣	跟随外形	10 mm 立铣刀/EMD10/T1	2 000	250	层深2
2	半精加工顶面	固定轴曲面轮廓铣	平行往复刀路	10 mm 球头刀/BMD10R5/T2	2 000	250	0.25

工步	加工内容和加工方法	操作类型	切削方式/走刀方式	刀具选用/刀名/刀号	切削用量		
					转速/(r/min)	进给/mm	层深、步距/mm
3	精加工四周轮廓面	陡峭区域等高轮廓铣	跟随外形	6 mm 立铣刀/EMD6/T1	2 000	500	层深 6
4	精加工顶面	固定轴曲面轮廓铣	平行往复刀路	6 mm 球头刀/BMD6R3/T2	6 000	1 000	0.25

四、实验步骤

1. 采用 UG Modeling 模型设计

（1）构建工件模型

构建鼠标模型的步骤比较多，建模的思路和关键步骤如下：

① 通过体素特征，构建好长方形底座，尺寸为 60 mm×40 mm×15 mm。

② 进入草绘图，构建鼠标主体的底截面，具体尺寸如图 12.1-3 所示，不必倒出封闭截面的过渡圆角。返回实体建模环境，执行拉伸操作，设置鼠标厚度为 30 mm。

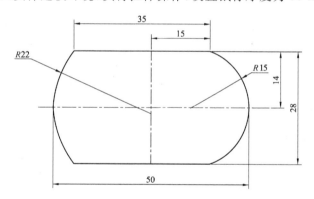

图 12.1-3 鼠标模型主体截面尺寸

③ 构建控制顶面形状的边界曲线。边界曲线构建可以利用空间曲线，也可以在草绘图中构建。具体操作不再赘述，图 12.1-4a 所示为构建好的 5 条曲线。

④ 利用通过曲线网格构面功能，构建图 12.1-4b 所示的光滑自由曲面。

注意：构建曲面的质量会影响加工质量。曲面构建的一般原则是：在保证使用功能的前提下，尽可能构建阶次低、光顺、曲率变化均匀的曲面。另外曲面与曲面的连接一定要保证间隙小、过渡圆滑，否则会产生间断的小刀轨，加工时会造成刀具切削振动，严重影响加工表面质量。

⑤ 利用"补片体（patch）"功能，形成鼠标的顶面，即构建鼠标的主体特征。

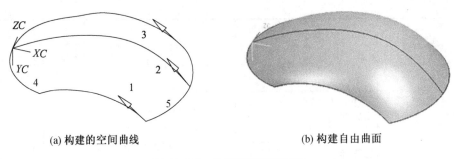

(a) 构建的空间曲线　　　　　　　　　　　(b) 构建自由曲面

图 12.1-4　构建鼠标模型顶面

⑥ 构建细节特征,在此不再赘述。最后构建好的工件模型如图 12.1-5 所示。

（2）构建毛坯模型

根据加工要求,在工件模型的基础上构建毛坯,以模型底座最大截面为参考,利用空间构线功能,构建好一个长方形截面,通过拉伸形成毛坯模型,如图 12.1-6 所示。将毛坯模型进行颜色改变和透明度处理,或者网格化显示处理,并放置在和工件模型不同的图层中。本实验毛坯模型安放在第 5 图层,工件模型安放在第 1 图层。

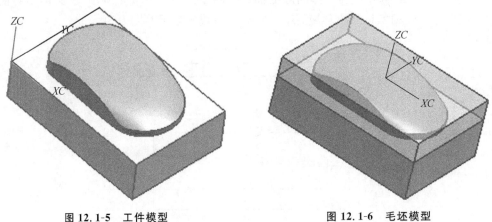

图 12.1-5　工件模型　　　　　　　　　　图 12.1-6　毛坯模型

在构建毛坯时,一般以工件模型的边界线为基础,进行抽取、复制、偏置等关联性的操作,再通过拉伸、旋转等造型方法构建毛坯实体。这种构建方法的好处是:一旦工件尺寸发生变化,毛坯尺寸随之变化。

还有一些通过铸模、锻模等制造出来的毛坯,形状比较复杂,如果需要粗加工,可以通过简化毛坯几何的操作,尽可能使其形状规则,特别是一些小尺寸的圆角、倒斜角和小孔等特征,可以在毛坯模型构建操作中抑制掉,不让这些小特征进入加工环境。

（3）调整工作坐标系

本实验使用的刀具种类多,考虑到对刀操作的方便性,可以将工件坐标系调整到毛坯顶面的中间位置,当然要考虑将该顶面预先进行铣削平整,保证毛坯高度方向尺寸和构建的毛坯模型尺寸一致。

2..采用 UG CAM 自动编程

(1) 初始化加工环境

① 选择"起始—加工"命令，进入 UG CAM 环境。由于该工件主模型是第一次进入加工环境，系统将打开"加工环境"对话框。

② 在"加工环境"对话框中，在"CAM 会话配置"列表框中选择通用加工配置文件（cam_general），在"CAM 设置"列表框中选择"mill_contour（固定轴轮廓铣）"，单击"初始化"按钮，即可完成初始化工作。

还可以在 UG Modeling 环境中完成工件和毛坯模型的构建后，单击视图窗口右侧资源条上的"Manufacturing_Metric"图标，在出现的"CAM 配置"类型中选择"mill_contour（固定轴轮廓铣）"图标，可以快速进入 CAM 加工环境。

(2) 创建程序节点

① 在工具条快捷图标中，单击"创建程序"图标。

② 在该对话框中，默认"父本组"下拉列表框的"NC_PROGRAM"选项，再将程序的默认名称"PROGRAM_01"，改为"MOUSE_MILL"，单击"确定"按钮，即完成本实例加工程序节点的创建。

(3) 创建刀具

① 在工具条快捷图标中，单击"创建刀具"图标。

② 打开"创建刀具"对话框中，在"子类型"区域中单击"mill"图标，在"父级组"下拉列表框中默认选择"GENERIC_MACHINE"，在"名称"文本框中输入创建的第 1 把刀具命名为"EMD10"，单击"应用"按钮。在出现的"Milling Tool - 5Parameters"对话框内，输入直径为 10 mm 平底立铣刀的相关尺寸参数、刀具补偿号、刀具号等，单击"确定"退出，创建第 1 把刀具。

③ 按照同样的方法，对照数控编程工序卡，创建其他 2 把球头铣刀，在此不再赘述。

创建好刀具后，可以切换到视图窗口，单击"机床（刀具）视图"按钮，观察和检查创建好的刀具。

(4) 创建加工几何体

加工几何创建的操作方法有两种：一是通过单击工具条快捷图标"创建几何体"进入相应的操作；二是从导航器窗口进入。

① 建立加工坐标系。

在操作导航器窗口中，单击"几何视图"按钮，在窗口找到"MCS_MILL"图标并双击，在出现的"MILL_ORIENT"对话框下，单击"MCS"选项下的"原点"图标，进入"点构造器"对话框。由于工作坐标系已调整到毛坯顶面的中间位置，XC, YC, ZC 的坐标值应均为 0，单击"确定"按钮，返回到"MILL_ORIENT"对话框，在视图窗口可以发现动态加工坐标系和工件坐标系重合了，再次单击"确定"按钮，保证加工坐标系原点在毛坯顶面的中间位置上，这和工件安装在工作台上的对刀点相一致。

② 分别指定工件几何体和毛坯几何体。

a. 单击"MCS_MILL"节点前的"+"，展开"MCS_MILL"节点的子项，选择节点"WORKPIECE"，双击"WORKPIECE"图标，出现"MILL_GEOM"对话框。

b. 在对话框的"几何体"选项中单击"部件"几何图标，单击"选择"按钮，打开"工件几何体"对话框,在视图窗口中选中工件主模型,然后单击"确定"按钮,即可完成工件几何体的指定。单击"显示"按钮进行检查。

c. 再次在"MCS_MILL"对话框中的"几何体"选项下单击"隐藏(毛坯)"几何图标,然后单击"选择"按钮,打开"毛坯几何体"对话框。

d. 在层操作中,选择第5层为可选层,然后在视图窗口中,选择毛坯实体模型,然后单击"确定"按钮,即可完成毛坯几何体的指定。点击"显示"按钮进行毛坯检查,单击"确定"按钮,即完成鼠标模型加工的几何体创建过程。

e. 再次进入层操作,选择第1层为工作层,第5层为不可见层,让工件主模型正常显示在实体窗口中,而把毛坯模型隐藏掉。

(5) 创建加工方法

考虑到加工的工件为铝材,所以可以默认粗加工、半精加工和精加工的有关设置。

(6) 创建粗加工工序操作

由于工件加工余量大,型面复杂,所以选用 UG CAM 加工类型中的型腔铣加工,具体加工类型为"跟随型芯型腔铣(ZLEVEL_FOLLOW_CORE)",创建操作步骤如下:

① 点击工具条快捷图标"创建操作",出现"创建操作"对话框,类型选择"mill_contour",在"子类型"中选择"ZLEVEL_FOLLOW_CORE"图标。各选项设置如下:

a. 程序:选择之前创建好的程序节点名称,即"MOUSE_MILL"。

b. 使用几何体:选择之前创建好的几何体节点,即"WORKPIECE"。

c. 使用刀具:选择之前创建的粗加工立铣刀,即"EMD10"。

d. 使用方法:选择本次加工为粗加工方法,即"MILL_ROUGH"。

e. 名称:选用系统自动创建的操作名称,即"ZLEVEL_FOLLOW_CORE"。

② 以上创建操作的选项全部设置完毕,如图 12.1-7 所示,单击"应用"按钮,即可进入图 12.1-8 所示的"ZLEVEL_FOLLOW_CORE"操作对话框。

图 12.1-7　创建型腔铣操作

图 12.1-8　型腔铣操作设置对话框

主要操作参数的设置：

a. "切削方式"选用"跟随工件外形"，即系统默认方式。

b. "步进"设置为刀具直径的 50%。

c. 在"每一刀的全局深度"框中输入 2。

d. 在"避让"中设置安全平面高度为 5 mm，其他采用系统默认值。

e. 单击"角"按钮，弹出"拐角和进给率控制"对话框，激活"圆周进给率补偿"选项功能，同时在"圆角"选项的下拉列表中选择"全部刀路"，默认设置值。

f. 在"进给率"选项中，按照工序卡，依次设置好主轴转速和刀具各个运动的进给速度。

g. 其他切削参数均按照系统默认值，不再做修改和调整。

③ 单击"ZLEVEL_FOLLOW_CORE"操作对话框的"生成刀轨"按钮，会出现"显示参数"对话框，利用该对话框，可以观察刀轨的生成过程，还可以去掉该对话框中 3 个选项前的"√"，让加工的刀轨全部生成。由于不同颜色的线条代表不同运动形式的刀具运动，例如系统默认海蓝色线条代表刀具的切削运动，深蓝色代表刀具的横越运动，通过线条的颜色可以判断刀具的运动情况。线条比较多时，可以通过局部刀轨放大等显示方式来观察。

④ 在刀轨中重点检查刀具开始切入工件材料的刀轨运动，一般情况下刀具从工件外侧螺旋切入或者斜线切入时比较安全。注意：不能从材料中间垂直切入，否则刀具容易发生崩刃。一旦发现这样的刀轨类型，一定要注意调整刀具进刀和切入工件的位置。

图 12.1-9 所示的型腔铣粗加工生成的刀轨，检查无误后，单击"ZLEVEL_FOLLOW_CORE"操作对话框的"刀轨确认"按钮，进入"可视化刀轨轨迹"对话框，选择"3D 动态"仿真对话框，即可见切削仿真后工件的形貌，如图 12.1-10 所示。

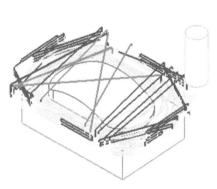

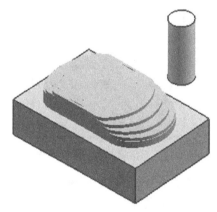

图 12.1-9　粗加工刀轨图　　　　　　图 12.1-10　粗加工切削仿真图

（7）创建顶面半精加工操作

余量均匀化是保证合理精加工的重要前提，特别是在高转速、小切深的曲面加工场合。所以在精加工之前必须安排一道或者多道半精加工工序。

目前模具加工中，一般模具型腔中的型面在切削加工后，还需采用电火花加工来保证表面质量，随着高速加工和新型高硬刀具的出现，采用高速切削可以直接取代电火花加工，大大缩短制造周期。在高速加工的精加工之前，安排多道半精加工工序就很有必要。

本实验选用曲面轮廓铣操作作为半精加工，为后面的精加工曲面轮廓铣做准备。

半精加工的具体步骤如下：

① 点击工具条快捷图标"创建操作"，出现"创建操作"对话框，类型选择"mill_contour"，在"子类型"中选择"FIXED_CONTOUR"图标，各个选项设置如下：

　　a. 程序：选择之前创建好的程序节点名称，即"MOUSE_MILL"。

　　b. 使用几何体：选择之前创建好的几何体节点，即"WORKPIECE"。

　　c. 使用刀具：选择之前创建的球头立铣刀，即"BMD10R5"。

　　d. 使用方法：选择本次加工为半精加工方法，即"MILL_SEMI_FINISH"。

　　e. 名称：选用系统自动创建的操作名称，即"FIXED_CONTOUR"。

如图 12.1-11 所示，当创建半精加工操作的选项全部设置完毕后，单击"应用"，即可进入"FIXED_CONTOUR"操作对话框。

由于区域驱动方式通常作为优先使用的驱动方法，用来创建刀位轨迹，操作方便，刀轨生成可靠，所以本实验半精加工、精加工曲面都采用这种驱动方式。

② 在"FIXED_CONTOUR"操作对话框中，选用"驱动方式"的下拉列表中的"区域铣削"选项，进入"区域铣削驱动方式"对话框。其主要参数如图 12.1-12 所示，设置如下：

图 12.1-11　固定轴曲面轮廓铣操作对话框　　　图 12.1-12　区域铣削驱动方式主要参数设置

　　a. "陡峭包含"选用"非陡峭的"，陡峭角度按照默认值即可。该角度设置可以完成鼠标顶面所有区域的加工。

　　b. "图样"选用"平行线"方式，"切削类型"选用"Zig_Zag"方式。如果主轴转速很高，切削类型可以考虑采用"带提升的 Zig_Zag"方式。

　　c. "切削角"选用"用户定义"，一般可以设置为 45°，既保证外形的美观，又减少机床振动。为了具有一般性，本实验设置切削角为 0°。

　　d. "步进"和"距离"分别选用"恒定的"和"1.0"。

注意：在实际生产中该数字还要小些。本实例仅仅为演示如何生产合理的刀轨，像这类参数必须在实际加工中进行验证，以确保加工平稳和为后面精加工创造余量均匀化的条件。

e. 以上主要参数设置好后,单击"确认",返回到"FIXED_CONTOUR"对话框,再点击几何体选项中的"切削区域"图标,单击"选择"按钮,在窗口中选中鼠标模型顶面,确认即可。

f. 在"FIXED_CONTOUR"对话框中选择"切削",进入"切削参数"对话框,激活"在边上延伸"选项,保证刀轨能超出切削区域,其他均按照默认值,点击"确认"。

g. 在"FIXED_CONTOUR"对话框中选择"非切削",进入"非切削移动"对话框,在"移动"下拉列表中选择子项"螺旋状的:顺铣",其他均按照默认值,点击"确认"按钮。

h. 在"FIXED_CONTOUR"对话框的"进给率"选项中设置好主轴转速和进给速度。

i. 对所有设置的参数进行检查,确认无误后即可进入刀轨生成操作。

③ 在"FIXED_CONTOUR"对话框中单击"刀轨生成"按钮,稍等片刻后,就会生成全部的刀轨也可进入切削模拟仿真。图 12.1-13 所示为鼠标顶面半精加工刀轨。

从上述刀轨图和仿真图可以看出,在 2 个刀轨之间有很多空余刀路,可通过刀轨裁剪进行刀路优化操作。

(8) 刀轨的裁剪优化

在"FIXED_CONTOUR"操作对话框的"几何体"选项中的"修剪"图标,其功能是利用相应工件和毛坯模型上的面、边界和点等,来构建修剪几何体。但是在粗加工和半精加工时,修剪几何体很难直接构建好,因此需要利用 UG Modeling 功能去额外构建修剪几何体。修剪几何体尺寸必须以被修剪区域为基准,它们之间最好具有关联性。这样,修剪几何体变化,与之相关的刀轨跟随发生相应的变化。

构建裁剪几何体思路:利用直线和圆弧等功能,以顶面为参考,单独构建一个截面,截面和顶面形状相似,但等距离偏置一定的距离,该距离必须超过 1 mm(如果该距离不能确定的话,再回到"FIXED_CONTOUR"操作,进行一次裁剪。如果刀路还有问题,再返回到草绘进行修改,用这样的方法不断进行修正,直到刀路合理为止)。

本实验构建的修剪鼠标顶面几何体如图 12.1-14 所示。

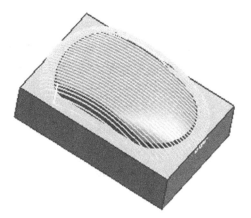
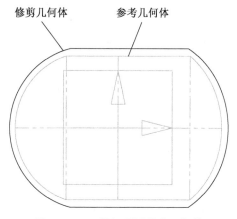

修剪几何体   参考几何体

图 12.1-13 顶面半精加工刀轨   图 12.1-14 鼠标顶面修剪几何体

返回到 UG CAM 加工环境,在"FIXED_CONTOUR"操作对话框的"几何体"选项中,单击"修剪"图标,进入如图 12.1-15 所示的"修剪边界"界面。在过滤器类型中选择"曲线",

并单击"成链"按钮,在主模型上依次选中修剪几何体的所有边线,确认后退出。

重新回到"FIXED_CONTOUR"操作对话框,其他切削参数都不变,单击"刀轨生成"图标,等待片刻后,产生全部的刀轨,再进入切削模拟仿真。图 12.1-16 所示为切削仿真后工件的形貌。由图可知余量比较均匀,也没有发生过切情况,可见修剪刀轨的操作是可行的。

图 12.1-15 修剪边界操作对话框

图 12.1-16 修剪后切削仿真工件原貌

(9) 创建陡峭区域等高轮廓铣操作

① 点击工具条快捷图标"创建操作",出现"创建操作"对话框,在类型中选择"mill_contour",在"子类型"中选择"ZLEVE_PROFILE_STEEP",即创建一个"ZLEVE_PROFILE_STEEP"操作。其选项设置如下:

a. 程序:选择之前创建好的程序节点名称,即"MOUSE_MILL"。

b. 使用几何体:选择之前创建好的几何体节点,即"WORKPIECE"。

c. 使用刀具:选择之前创建的立铣刀,即"EMD10"。

d. 使用方法:选择本次加工为精加工方法,即"MILL_FINISH"。

e. 名称:选用系统自动创建的操作名称,即"ZLEVE_PROFILE_STEEP"。

② 设置完毕后单击"应用"按钮,进入"ZLEVE_PROFILE_STEEP"操作对话框,单击几何体选项中的"切削区域"图标,在实体窗口中选择鼠标模型四周轮廓区域,确认即可。

其他的主要切削参数需要设置:

a."每一刀的全局深度"改为 2 mm。

b. 切削层的范围以顶层开始,指定上台阶平面,由系统自动判断即可。

c. 进刀/退刀设置为"自动","倾斜方式"设置为"螺旋的",其他默认。

d."拐角和进给率控制"对话框中,启动"圆周进给率补偿","圆角"设置为"全部刀路",激活"减速"选项,其他按照默认值。

e."避让"选择设置安全平面离 XC - YC 平面高度为 5 mm。

f."进给率"按照上述的数控编程工序卡进行设置。

③ 其他设置均采用默认值,并对其进行检查。单击"生成刀轨"按钮,生成图 12.1-17 所示的等高轮廓铣精加工的刀轨,再单击"刀轨确认"按钮,便可进入"可视化刀轨轨迹"对

话框,选择"3D 动态"选项。图 12.1-18 所示为仿真切削后的工件形貌图。

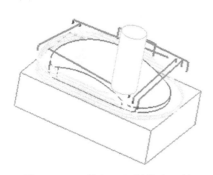

图 12.1-17　精加工四周轮廓刀轨

图 12.1-18　精加工四周轮廓仿真图

(10) 创建顶面精加工操作

精加工顶面操作和半精加工在切削参数选择上最大的区别是步距宽度的减少。受机床、刀具等因素的影响,并不是步距宽度越小表面质量越好。合理确定步距宽度的原则是:在保证加工表面粗糙度的前提下,尽可能增大步距宽度值,或兼顾表面质量和加工效率确定步距宽度值。

顶面精加工具体操作步骤如下:

① 点击工具条快捷图标"创建操作"按钮,出现"创建操作"对话框,类型选择"mill_contour",在"子类型"中选择"FIXED_CONTOUR"。再设置选项:

a. 程序:选择之前创建好的程序节点名称,即"MOUSE_MILL"。

b. 使用几何体:选择之前创建好的几何体节点,即"WORKPIECE"。

c. 使用刀具:选择之前创建的球头立铣刀,即"BMD6R3"。

d. 使用方法:选择本次加工为精加工方法,即"MILL__FINISH"。

e. 名称:选用系统自动创建的操作名称,即"FIXED_CONTOUR"。

② 以上选项全部设置后,单击"应用"按钮,进入"FIXED_CONTOUR"操作对话框。

在"FIXED_CONTOUR"操作的切削参数设置中,精加工和半精加工相比,主要的区别和原因有以下方面:

a. 裁剪几何体。因为精加工顶面的区域边界是固定的,所以裁剪几何体可以参考顶面区域的边界。

在"FIXED_CONTOUR"对话框的"几何体"选项中,单击"修剪"图标,进入"修剪"对话框,过滤器类型选择"曲线",在主模型中选择鼠标主体底截面封闭的边缘线,确定后退回到"FIXED_CONTOUR"对话框。

b. 步进。在"步进"选项中,选择子选项"残余波峰高度",在"高度"文本框中设置为"0.01"。根据需要还可以将其设置为更小的数值。本实验考虑刀轨生成和仿真时间,设定了该数值。

c. 切削边界延伸。单击"FIXED_CONTOUR"对话框的"切削"图标,弹出"切削参数"对话框,其中"在边上延伸"的"百分比"设置为"60"。目的是为了更可靠地保证刀具能全部加工到顶面区域。该百分比数值是经过调整后才能确定的。

本实验中,固定轴曲面轮廓铣精加工和半精加工其他的切削参数设置方法相同。

③ 单击"刀轨生成"按钮,生成全部的刀轨。图 12.1-19 所示为鼠标顶面精加工刀轨,也可进入切削模拟仿真,切削仿真图如图 12.1-20 所示。

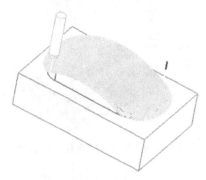 

图 12.1-19　顶面精加工刀轨　　　图 12.1-20　顶面精加工切削仿真图

补充说明:从图 12.1-20 所示的顶面精加工仿真图中看出,切削区域上还有少许残留量,如果减少"步进"设置值,可以改善表面质量。但数控程序容量和加工时间便增加了。

至此,按照数控编程卡的要求,完成了鼠标模型加工的所有操作。接下来对成功生成的刀轨进行后置处理,转换成可以被加工中心数控系统可以接受的数控 NC 程序。

(11) 后置处理生成数控 NC 程序

根据加工的实际需要,利用后置处理功能,既可以将整个加工过程中某个操作的刀轨转化成 NC 程序,也可以将所有操作的刀轨转化成 NC 程序。

刀轨后置处理步骤:

① 在操作导航器窗口,选择之前成功生成刀轨的所有操作,在工具条中单击"后处理"图标,便出现"后处理"对话框,如图 12.1-21 所示,在"可用机床"的列表框中选择已制作好的后置处理文件"Fadal_Post_scg"(如果没有定制自己的后置处理文件,则推荐使用现有的"MILL_3_AXIS")。

② 输出文件名可以允许默认的路径名,也可通过"浏览"设定 NC 程序安放路径。

③ 在单位中选择"公制/部件"选项,"列出输出"不必激活。

④ 单击"应用"按钮,出现带".ptp"后缀名的 NC 程序。

最后生成的 NC 程序还需要局部修改,或者在程序中注释部分信息。最后的 NC 程序如图 12.1-22 所示。将程序通过传输接口,输入到加工中心的数控系统存储器中。

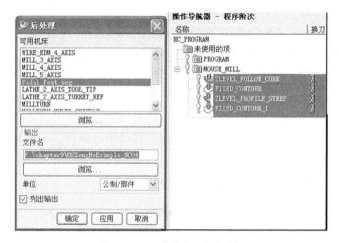

图 12.1-21 "后处理"对话框

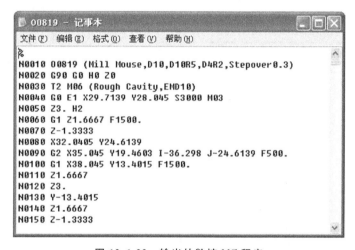

图 12.1-22 输出的数控 NC 程序

五、加工中心调试操作

(1) 正确找正并安装好平口钳,安装被加工零件毛坯并夹紧。

(2) 选用加工零件所需的各类刀具,正确安装在刀库上。

(3) 利用 MDI 基本操作,对机床进行初步调试。

(4) 通过对刀确定好刀具的长度补偿值和半径补偿值,并将其输入操作系统内。

(5) 利用数控系统自带的程序仿真器,对输入的加工程序进行刀具轨迹验证。

(6) 调整 X, Y, Z 伺服轴的控制倍率,首先空运行程序,确认后启动自动方式加工零件。

(7) 加工完毕后,取下零件测量并做好实验记录,清理现场。

六、注意事项

(1) 自觉遵守电脑机房的管理条例,不得随便开启与实验无关的运用程序。

(2) 实验前仔细阅读本加工中心的操作规程,熟悉正常开机和关机操作。

（3）程序输入后，必须经过指导老师的核对后，才能启动自动加工操作。

（4）手动和自动加工过程中，如出现异常情况，应按"急停"按钮。

（5）关机退出界面之前，必须进行回零（参考点）操作，保证下次操作安全。

七、练习题

将图 12.1-23 所示的模型 1 和 12.1-24 所示的模型 2 作为参考的零件模型（毛坯材质为铝坯，毛坯尺寸自行设定），从中任意选择一个模型进行练习操作。

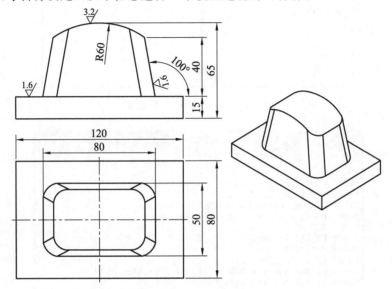

图 12.1-23　实验报告分析用零件模型 1

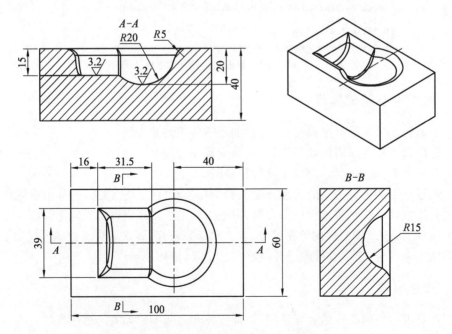

图 12.1-24　实验报告分析用零件模型 2

（1）采用 UG Modeling 功能模块对其进行三维模型构建。

（2）对模型进行工艺分析，写出其加工工艺路线、加工类型、切削方式和加工工艺参数，并填写相应的数控编程工序卡。

（3）利用 UG CAM 对该模型进行自动编程，最后生成的数控 NC 程序，交给实验教师进行核对并做出相应的评价。

思考题

1. 简述 CAD 与 CAM 软件及功能。

2. 针对模型 1 和模型 2，简述 UG CAM 自动编程的操作流程，并对主要加工类型的运用场合进行总结。

3. 从模型 1 和模型 2 任选一个的零件，填写表 12.1-2 所示的自动编程数控加工工序卡。

表 12.1-2　自动编程数控加工工序卡

学　院		班　级		分组号			姓　名	
零件名称		毛坯规格		材　料		ZL104	指导教师	
机床型号			编程软件			UG　NX6.0	日　期	

工步	工步内容	加工类型	刀具选用				切削方式/走刀方式	切削用量（公制）		
			刀号	刀长补偿	直径补偿	夹具偏置		转速	进给速度	加工余量

4. 简述加工中心加工零件的操作流程。

❋ 实验二 产品快速开发(快速原型制造) ❋

一、实验目的

（1）了解激光选区烧结快速成型（SLS）技术的基本原理、基本方法和应用。

（2）了解 HRPS-Ⅲ快速成型系统的基本结构和简单操作。

（3）了解快速成型制造的基本工艺及后续处理工艺。

（4）会用激光选区烧结快速成型技术制作三层空心小球。

二、实验设备

本实验所需设备为 HRPS-Ⅲ激光烧结系统。

1. 基本组成

HRPS-Ⅲ激光粉末烧结系统由计算机控制系统、主机、激光器冷却器组成，如图 12.2-1 所示。

图 12.2-1 HRPS-Ⅲ激光粉末烧结系统

（1）计算机控制系统

它由计算机、控制模块、电动机驱动单元、传感器组成，并配以 HRPS 2002 软件。该软件用于三维图形数据处理、加工过程的实时控制及模拟。

（2）主机

HRPS-Ⅲ激光烧结系统的主机由可升降工作缸、落粉桶、浦粉辊装置、聚焦扫描单元、加热装置、机身与机壳 6 个基本单元组成。它主要完成系统的加工传动。

（3）激光器冷却器

它由可调恒温水冷却器和外管路组成，用于冷却激光器，提高激光能量的稳定性，保护激光器。

2. 系统特点

① 扫描系统采用国际著名公司的振镜式动态聚焦系统,具有高速(最大扫描速度为 4 m/s)和高精度(激光定位精度小于 50 μm)的特点。

② 激光器采用美国 CO_2 激光器,具有稳定性好、可靠性高、模式好、寿命长、功率稳定、可更换气体、性能价格比高等特点,并配以全封闭恒温水循环冷却系统。

③ 新型送粉系统(专利)可使烧结辅助时间减少。

④ 排烟除尘系统能及时充分地排除烟尘,防止烟尘对烧结过程和工作环境的影响。

⑤ 全封闭式的工作腔结构,可防止粉尘和高温对设备关键元器件的影响。

3. 软件功能

功能强大的 HRPS2002 软件,具有易于操作的友好图形用户界面,开放式的模块化结构,国际标准输入输出接口。该软件具有以下功能:

① 切片模块:具有 HRPS-STL(基于 STL 文件)和 HRPS-PDSLice(基于直接切片文件,由用户选用)两种模块。

② 数据处理:具有 STL 文件识别及重新编码、容错及数据过滤切片、STL 文件可视化、原型制作实时动态仿真等功能。

③ 工艺规划:具有多种材料烧结工艺模块(包括烧结参数、扫描方式和成形方向等)。

④ 安全监控:设备和烧结过程故障自诊断,故障自动停机保护。

4. 技术参数

HRPS-Ⅲ 激光烧结系统的技术参数见表 12.2-1。

表 12.2-1　HRPS-Ⅲ 激光烧结系统的技术参数

参数	说明
成型空间 $L \times W \times H$	400 mm×400 mm×500 mm
激光器	CO_2 美国
扫描方式	振镜式动态聚焦
激光定位精度	±0.04 mm
激光最大扫描速度	4 m/s
可靠性	无人值守下工作
软件工作平台	Windows98 运行环境
系统软件	HRPS2002 终身免费升级
电源要求	220 V, 30 A
输入格式	STL 文件
成型材料	高分子材料,陶瓷材料,树脂砂
主机外形尺寸 $L \times W \times H$	1 200 mm×1 300 mm×1 850 mm

三、实验原理

快速成型技术是快速制造的核心,能在几小时或几十小时内直接根据 CAD 三维实体模型制作出原型。相比图纸和计算机屏幕,它能提供信息更丰富、更直观的实体。

快速成型制造是一种离散/堆积的加工技术,其基本过程是首先将零件的三维实体沿某一坐标轴进行分层处理,得到每层截面的一系列二维截面数据,按特定的成型方法(LOM,SLS,FDM,SLA 等)每次只加工一个截面,然后自动叠加一层成型材料,反复进行这一过程直到所有的截面加工完毕生成三维实体原型。

选择性烧结工艺(SLS)是利用粉末状材料成型的。SLS 成型机结构如图 12.2-2 所示,首先根据产品的三维 CAD 模型,经过数据处理变成面化的模型,然后通过计算机"切片"将面化模型切成一系列的横截面。成型过程开始,铺粉滚筒将粉末均匀的铺在工作台上,数控激光束按照每一层的截面信息进行扫描烧结,一层扫描完成后,工作台下降一层的距离,铺粉滚筒再次将粉末铺平后,激光束开始依照新的一层截面信息扫描,同时新的形成层也烧结在前一层上。如此反复,经层层叠加后,一个三维实体就制造出来了。

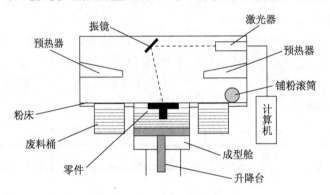

图 12.2-2　SLS 快速成型机结构

四、实验步骤

1. 准备工作

(1) 用吸尘器清除工作台面及加热辊上的粉尘。

(2) 检查保护镜是否被污染,若不干净,先用吸耳球吹一吹保护镜,再用镊子夹带丙酮的脱脂棉轻轻擦洗镜片。

(3) 检查冷却器中的水箱是否水充足,若不够则补充水进去。

2. 三层空心小球的制作

(1) 用 Pro/E 软件绘制三层空心小球的三维 CAD 模型。

(2) 快速成型机开机,将粉桶内装满粉末,来回运动铺粉滚筒将粉层铺平、铺匀。

(3) 输出小球的 STL 文件到快速成型机。

(4) 运行 HRPS2002 软件,并打开该 STL 文件,依次点击打开激光、风扇、振镜。

(5) 将粉末预热,中缸温度达到 95 ℃,左右两缸温度达到 85 ℃。

(6) 设置激光功率为 50%,扫描速度为 2 000 mm/s,单层厚度为 0.15 mm,扫描间距为

0.2 mm。

（7）预热 90 min 后进行成型制造。

（8）烧结完成后将激光、振镜、风扇关闭，将小球放在成型舱内缓慢冷却到室温。

（9）小球完全冷却后取出，用刷子和鼓风机将残余粉末清除干净。

（10）将小球放在干燥箱内干燥 30 min，干燥箱温度设为 40 ℃。

（11）配置环氧树脂溶胶，具体配方为 E-42 环氧树脂 a g，二乙烯三胺为 $a \times (103.17/5) \times 0.42$ g，稀释剂若干。

（12）将混合物搅拌均匀，用小刷子蘸取溶胶均匀的涂敷在小球上，保证小球被渗透，涂敷完全。

（13）将小球放在空气中 4 h，然后将小球放入干燥箱内 30 min，干燥箱温度设置为 100 ℃。

（14）从干燥箱内取出小球，在空气中缓慢冷却，制作结束。

五、实验报告

写出几种快速成型的工艺方法并阐述所使用的快速成型工艺的优缺点。

实验三 特种加工技术(线切割电火花加工)

一、实验目的

（1）了解特种加工的分类、特点与应用。

（2）了解微机控制高速走丝线切割机的组成、性能及其操作过程。

（3）初步掌握简易零件数控线切割加工图形化自动编程方法。

二、实验设备及材料

1. 实验设备

（1）数控高速走丝电火花线切割机（ACTSPARK FW1）。

（2）电火花加工表面粗糙度比较样块。

（3）游标卡尺、角度尺。

2. ACTSPARK FW1 性能特点

（1）微机控制柜和高频脉冲电源柜采用一体化设计，控制采用 586 工控机，硬盘存储，提高了可靠性。

（2）具有四轴联动、上下异形切割功能。

（3）采用绘图式全自动编程方式，CAD/CAM 集成于系统软件中，可方便地生成 ISO，3B,4B 格式程序，适应不同用户的要求。

（4）CRT 显示具有智能化的用户友好界面，满足不同层次的用户操作需求。具有加工轨迹、数据实时跟踪显示。可预先模拟仿真加工程序，具有手动、自动两种加工方式。

（5）采用串行接口及软盘驱动器接口 2 种文件输入方式，用户可异地传送文件，进一步方便用户编程及文件输入。

3. 实验材料

（1）工件：3～5 mm 铝板（或厚 2～3 mm 的 Q235 钢板）。

（2）电极丝：ϕ0.2 mm 钼丝。

4. 熟悉 ACTSPARK FW1 加工参数

（1）参数号的含义

参数号的表示及含义如下：

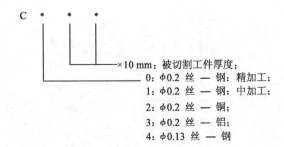

（2）加工钢件参数

加工钢件的参数见表 12.3-1（供参考）。

表 12.3-1　加工钢件参数

参数号	ON	OFF	IP	SV	GP	V	切割效率/ (mm^2/min)	粗糙度 $Ra/$ μm
C101	08	07	2.0	03	00	00	13	3.0
C102	08	05	4.0	03	00	00	25	2.9
C103	10	05	3.0	03	00	00	29	3.1
C104	11	05	3.0	03	00	00	35	2.8
C105	15	11	4.0	03	00	00	39	3.0
C106	17	11	4.0	03	00	00	39	3.4

注:ON:设置放电脉冲时间,最大为 32 μs。

OFF:设置放电脉冲间隙时间,最大为 160 μs。

IP:设置主电源电流峰值,其取值范围为 0.5～9.5,接触感知时间为 0.5。

SV:设置间隙电压,以稳定加工,最大值为 7。

GP:矩形脉冲与分组脉冲的选择,最大值为 2,其中 0 为矩形脉冲。

V:电压的选择,最大值为 1,0 为常压选择,1 为低压选择,接触感知为 1。

三、线切割加工的原理、特点及应用场合

1. 线切割加工的原理

线切割加工(WEDM)的基本原理是利用移动的金属丝(铜丝或钼丝)作电极,按照预定的轨迹,对工件进行脉冲火花放电切割成型。线切割机床通常分为快走丝和慢走丝 2 种。慢走丝机床的电极做低速单向运动,走丝线速度低于 0.2 mm/s;快走丝机床的电极丝做高速往复运动,走丝线速度可达 8～10 mm/s。

图 12.3-1 所示为高速走丝线切割加工原理。电极钼丝穿过工件预先钻好的小孔,经导轮由卷丝筒带动做往复左右移动,工件通过绝缘板安装在工作台上,工作台在水平面 X,Y 2 个坐标方向各自按给定的控制程序移动,从而合成任意平面曲线轨迹。脉冲电源对电极钼丝与工件施加脉冲电压,电极丝与工件之间浇注一定压力的冷却液,当脉冲电压击穿电极丝与工件之间的间隙时,两者之间产生火花放电而切割工件。

2. 线切割加工的特点

（1）快走丝的加工精度(包括尺寸、形状、位置等精度)可达 0.01～0.02 mm,加工工件表面粗糙度 Ra 可达 2.5～5 μm。

（2）由于采用细铜丝或钼丝作为工具电极,不需要制作价格较高的成型电极,从而可降低生产成本,缩短生产准备时间,并且采用往复移动的长电极丝进行加工,单位长度电极丝的损耗较小,因此电极对工件的加工精度影响较小。

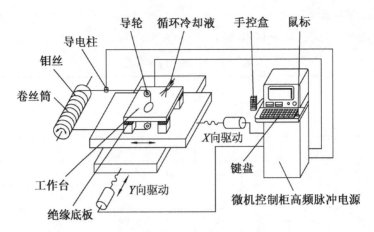

图 12.3-1　线切割加工原理

3. 线切割加工的应用

线切割加工广泛应用于各种硬质合金和淬火钢的冲模、样板、成型刀具及形状复杂的精细小零件、窄缝等可以多件叠加工件的加工。加工模具时，通过调整不同的间隙补偿量，只需一次编程就可以切割出凸模、凹模、固定板及卸料板等。因此，线切割适用于的特殊材料难加工零件、材料试验样件、各种异形孔及齿轮、凸轮、样板、成型刀具等的加工，是非常普及的特种加工技术。

四、实验步骤

1. 电火花线切割加工

（1）在教师的指导下熟悉高速走丝电火花线切割机（ACTSPARK FW1）的基本组成及操作要点。

（2）熟悉加工工件图纸，选择加工工件毛坯，标出加工轨迹路线。

注意：加工轨迹距毛坯端面应大于 5 mm。

（3）安装电极丝与工件，调整钼丝至预定切入位置，穿丝点位置尽量靠近程序的起点，起点一般也是切割的终点。

注意：高频脉冲电源正端接工件，负端接钼丝，钼丝不可接触工件。

（4）自动编程。它可简化为工件图形计算机化、走丝轨迹生成及加工仿真、生成线切割加工程序 3 个步骤。

自动编程的具体操作：

① 进入计算机主界面，依加工工件图纸，在 CAD 功能下绘制工件形状和尺寸，或直接读入 CAD 软件生成的图形数据及图像扫描数据，并且可以手工编写 3B，4B 及 ISO 格式的线切割加工程序。

② 选择路径功能，设定穿丝点位置，逐步生成加工路径，存盘，给定文件名，按【Ctrl】＋【C】键结束路径转换。

③ 退出 CAD 系统，进入 CAM 功能项目，选定步骤②存盘的文件，按【Enter】键回车。

④ 对偏置方向、切割次数、暂留量、过切量、锥度角及放电条件、偏置量等参数进行设定。

⑤ 选择"绘图",生成 ISO 代码(国际标准)程序,并给定程序名。

⑥ 返回 CAM 界面。

⑦ 进入主界面编辑方式,载入所生成的加工程序。

⑧ 进入自动加工画面,按【启动】键,执行加工程序(也可以在当前画面预先模拟加工程序的仿真过程)。

(5) 加工结束,清洗工件。

按图纸要求(见图 12.3-2)检测被加工部位的尺寸,观察各个加工表面的质量,填写实验报告。

五、实验结果

工件部分实测尺寸:_____。

如图 12.3-3 所示,$A=$ _____ mm; $B=$ _____ mm;

$C=$ _____ mm;$\alpha=$ _____。

工件加工表面粗糙度(样板比较估计):$Ra\approx$ _____ μm。

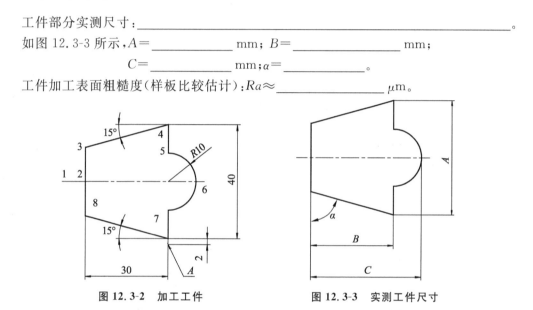

图 12.3-2   加工工件   图 12.3-3   实测工件尺寸

六、实验报告

(1) 简述特种加工的分类。

(2) 阐述电火花线切割加工的工作原理。

(3) 简述电火花线切割自动编程的步骤。

(4) 填写电火花线切割的实际加工结果。

实验四 激光焊接

一、实验目的

(1) 了解激光焊接机的结构组成、加工特点、基本原理及应用场合。
(2) 学会利用激光焊接机的控制软件进行简单焊接轨迹的编辑。
(3) 掌握激光焊接机的基本操作方法。

二、实验设备

1. 激光焊接机的组成

(1) 激光器

本实验用的激光器选用德国 Rofin 公司 StarWeld250 型 Nd：YAG 固体脉冲激光器，最大平均功率为 250 W，波长为 1 064 nm，模式为多模，焦距为 110 mm。激光器平均功率由电压、脉宽和频率共同控制。实验中采用恒定的频率 35 Hz 和恒定的脉宽 0.9 ms。该系统配备三轴联动工作台，台面行程为 300 mm×300 mm×200 mm，速度为 0~0.05 m/s。激光器的结构如图 12.4-1 所示。

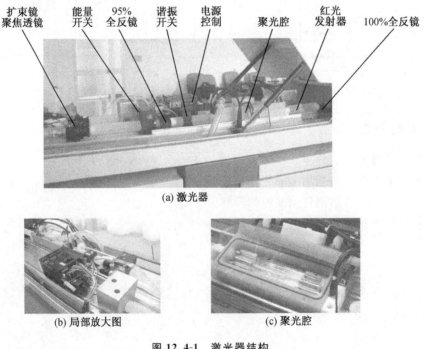

(a) 激光器

(b) 局部放大图   (c) 聚光腔

图 12.4-1 激光器结构

（2）激光焊接加工装置

激光焊接加工装置如图 12.4-2 所示。

(a) 激光焊接工作台

(b) 0°和 90°的定位

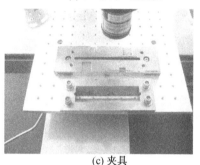

(c) 夹具

图 12.4-2　激光焊接加工装置

（3）CCD 电荷耦合传感器

它可调节图像调控制面板上的 Z 轴运动，使 CCD 成像清晰。但 CCD 焦点动则激光镜头也动，也就是说此时 CCD 看到的最清晰的位置不一定是激光镜头的焦点位置，因此需先调定激光镜头焦点位置，后单独调 CCD 螺母。调离焦量时再用 Z 轴运动控制激光镜头焦距，离焦量值可通过 Z 轴坐标值确定。

（4）水冷系统

水冷系统包括冷水机和外制冷机两部分。该系统向激光器提供恒温循环冷却水，有较好的自检功能。由于其放置在室外，当外部气温过高或过低时，能自动报警以保护激光器。因此，在夏天要防晒冷却，在冬季要适时添加凡士林等防冻液。

2. YAG 激光焊接机的工作流程

YAG 激光焊接机的基本工作流程如图 12.4-3 所示。

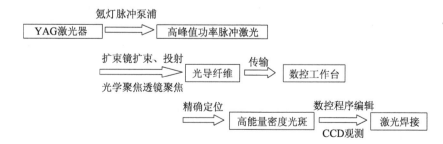

图 12.4-3　STARWELD250 固体激光焊接机的基本工作流程

三、基础知识

1. 激光焊接的工作原理

激光加工是激光束的技术应用。其工作原理是把具有足够大的功率（或能量）的激光束聚焦后照射到工件的适当部位，工件接受激光照射后，在极短的时间内便开始将光能转变为热能，工件被照射部位迅速升温。根据不同的光照参量，工件可以发生汽化、熔化、金相组织变化，产生相当大的热应力，从而达到工件材料被去除、连接、改性和分离等加工目的。激光焊接时，激光束照射工件，工件局部迅速升温，达到熔点，但不汽化，待金属冷却凝固后，分离的两部分就焊接到一起。

根据焊缝的形成特点，激光焊接可以分为热传导焊和深熔焊，如图 12.4-4 所示。热传导焊使用的激光功率密度小（小于 10^5 W/cm²），熔池形成时间较长，且熔深浅，熔深轮廓为半球形，很大一部分激光被金属所吸收。它多用于小型薄壁零件的焊接。深熔焊使用的激光密度大（不小于 10^6 W/cm²），如图 12.4-5 所示，在金属熔化的同时伴随着强烈的汽化，逸出的蒸气对熔化液态金属产生一个附加压力，使熔池金属表面向下凹陷，形成一个细长的孔洞。此焊接方法能获得熔深较大的焊缝，焊缝的深宽比较大，可达 12∶1，激光深熔焊接的小孔效应如图 12.4-6 所示。

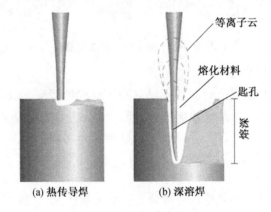

(a) 热传导焊   (b) 深溶焊

图 12.4-4 激光焊

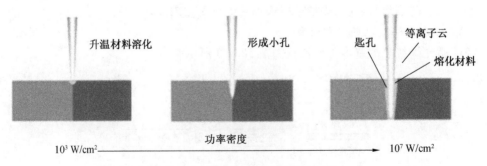

图 12.4-5 激光深熔焊小孔形成过程

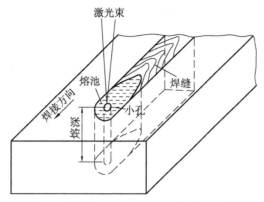

图 12.4-6　激光深熔焊接的小孔效应

激光可以进行平焊、垂直焊和仰焊。对于激光束经常移动的焊机,应设有保护装置(如保护窗口),不让飞溅的熔渣和金属蒸气损伤聚焦镜。

2. 激光焊接的特点

激光焊接时采用的是 YAG 固体激光器。由于大多数金属在波长为 $1.06~\mu m$ 的激光作用下的反射率远小于在波长为 $10.6~\mu m$ 的 CO_2 激光作用下的,因此即便波长为 $1.06~\mu m$ 的固体激光器激光功率只有几百瓦,也能获得较好的焊接质量。激光焊接有很多优点,如热源和光路易操纵,控制简单,工件的变形小,热影响区小。与数控系统配合后,其精确性和自动化程度较高,激光束通过光纤(光导纤维)传导技术输送,增强了加工的灵活性,大多数情况下不需要真空室,清洁度较高。同时可实现一机多用,配合不同的辅助设备,可实现焊接、切割、合金化及热处理等多功能。激光焊接缺点是成本较高,对焊件加工、组装、定位要求较高,目前激光束的光电转换及整体利用率较低。

激光聚焦后,功率密度大,焊接时,深宽比可达 5∶1,最大可达 10∶1。因此,激光焊可焊接难熔材料如钛、石英等,并能对异性材料施焊,效果良好。例如,将铜和钽两种性质截然不同的材料焊接在一起,合格率几乎达百分之百。另外,激光束经聚焦后可获得很小的光斑,且能精密定位,因此激光焊也可进行微型焊接,可应用于大批量自动化生产的微、小型元件的组焊中。例如,集成电路引线、钟表游丝、显像管电子枪组装等由于采用了激光焊,不仅生产效率高,而且热影响区小,焊点无污染,大大提高了焊接的质量。

3. 主要影响因素

(1) 激光功率

激光深熔焊接时,激光功率越高,熔深越大,焊接速度也越快,但同时气孔数与激光功率成正比关系,因此激光焊接功率的选取不应过高或过低。

(2) 光斑直径

光斑尺寸的大小决定于功率密度。但对于高功率激光束而言,很难对其进行测量,虽然可用感光纸感知,但是由于聚焦透镜像差的存在,由此得到的结果不精确。

离焦量是指焦平面与被焊工件上表面的距离。激光焊接通常需要有一定的离焦量,因为激光束焦点处光斑中心的功率密度高,容易使金属蒸发成孔。在离开激光焦点的各个平面上,功率密度分布相对均匀。离焦方式有两种:正离焦与负离焦。负离焦时,可获得更大的熔深,通常将焦点位置设置在工件表面下所需熔深的 1/4 处。

(3) 焊接速度

提高速度会使熔深变浅,速度过低又会导致材料过度熔化,使工件焊穿。对于特定厚度的特定材料,要多次试验选取合适的焊接速度。

(4) 氩气保护

激光焊通常需要使用惰性气体进行保护,以防止空气污染。最常用的保护气体是氩气。氩气流量增大,保护层抵抗流动空气影响的能力增强,同时能防止熔渣堆积。但流量过大,保护层会产生不规则流动,易使空气卷入,降低保护效果。

四、实验步骤

1. 开机

(1) 打开冷水机,外接水冷机工作温度为 15~18 ℃。

(2) 转动旋钮,待数显表显示 2,1.5,12.2 后,按第 1 排第 2 个键,其余 3 个键用于设置参数。

2. 关机

(1) 按第 1 排第 2 个键。

(2) 关闭旋钮。

3. 打开激光器

(1) 转动旋钮,接通总电源。

(2) 按下"启动"按钮,打开谐振开关(R-RESONACE SHUTTER),启动冷水机的泵使之开始工作。

(3) 泵开始工作后,转动钥匙开关,启动 POWER SHUTTER(P SHUTTER)双开关,激光器打开后,红灯亮。

红光为指示光,用于指示激光的输出路径和位置,与激光同光路输出,用于调节焦点位置。

分能输出:激光器输出能量恒定,用一个半反射镜将能量等分,分光路输出。

4. 打开控制及执行部分

打开控制部分,依次点击"驱动""切换""使能""程控"按钮,随后点"程序"按钮,则打开的程序开始运行,其中程序可由数控加工的 G 代码编写。

激光器控制部分的设置如下:

电压 400~750 V,频率(每秒出光率)1~500 Hz,一般为 20 Hz 左右。

脉宽 0.3~20 ms,一般 10~15 ms。上述参数整合后,激光功率最大为 250 W,应合理选择激光工作参数。

"beam test"中第一行"beam on"表示连续打开,按"beam off"停止出光。

第二行"beam on"可手动控制出光的时间。

使能:电动机驱动。

X/C:按下"Z",C 轴工作,不按则 X,Y 轴工作。

切换:操作面板和键盘切换按下,手柄才起作用。

驱动:表机床驱动。

程控:准备走加工程序。

程序:调入程序,则点一下开始走加工程序。

暂停:暂停加工程序。

5. 控制软件部分

运行 CNC 程序界面如图 12.4-7 所示,运动参数设置界面如图 12.4-8 所示,激光电源参数如图 12.4-9 所示,运行结果如图 12.4-10 所示。

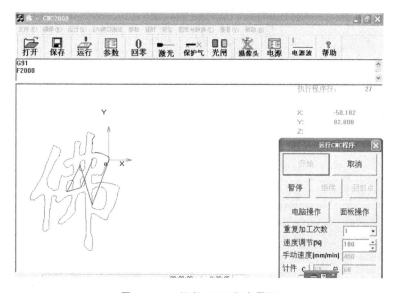

图 12.4-7 运行 CNC 程序界面

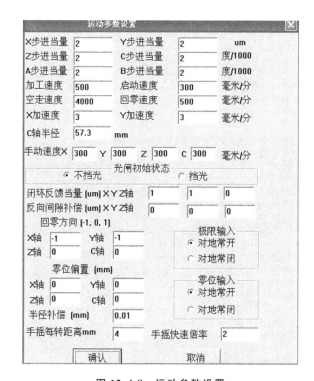

图 12.4-8 运动参数设置

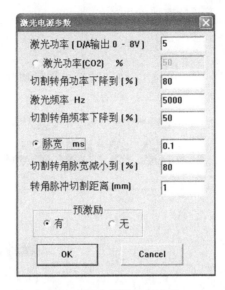

图 12.4-9　激光电源参数

输入激光参数后，运行下列程序，运行结果如图 12.4-10 所示。

M07	出激光
G04 T200	停 200 ms
G01 X0 Y300 F2000	Y 正向走 300 mm
G03 X100 Y100 I0 J100	逆时针走 1/4 圆弧
G01 X200 Y0	X 正向走 200 mm
G02 X100 Y−100 I0 J−100	顺时针走 1/4 圆弧
G01 X0 Y−200	Y 负向走 200 mm
G02 X−100 Y−100 I0 J−100	顺时针走 3/4 圆弧
G01 X−300.000 Y0.000	X 负向走 300 mm
M08	关激光
M02	程序结束

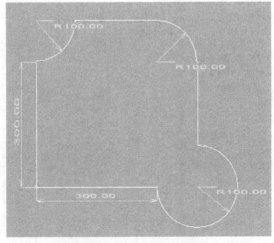

图 12.4-10　运行结果

6. AutoCAD 图形文件转化

可将 AutoCAD 生成的 PLT 文件或 DXF 文件自动转化生成数控加工程序。

（1）转化 AutoCAD PLT 文件

一般用于转换文字和任意曲线，文件转化参数设置界面见图 12.4-11。

（2）自动编程

点击图形与转换菜单下的"自动编程"，进入自动编程功能。按工具栏上的"保存为.n"，则自动将图形转换为数控程序，并回到数控加工状态。

（3）视教编程

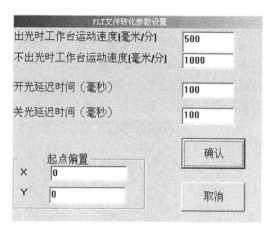

图 12.4-11 PLT 文件转化参数设置界面

点击图形与转换菜单下的"视教编程"，则弹出对话框。视教编程有电脑移动和面板移动 2 种模式。在电脑移动模式下，按 $X+$、$X-$、$Y+$、$Y-$、$Z+$、$Z-$、$C+$、$C-$ 先将工作台移动到零件起点，按"起点，直线终点"按钮定义该点为起点，然后移动工作台到直线转折点，按"起点，直线终点"按钮确认。如果是圆弧，还需要在圆弧中间位置选圆弧通过点。

点击"图形与转换"进入视教编程的"在线编程"界面（见图 12.4-12），光标所在点为编程起点，有直线及圆弧插补方式。

① 直线插补通过起点，终点定义，可以控制移动速度和单步距离，每步的单步距离可实时调节，上一步的终点可作为下一步的起点。

② 圆弧的插补通过圆弧起点，圆弧经过点击圆弧终点定义，加工方式有"空走"和"加工"两种方式。

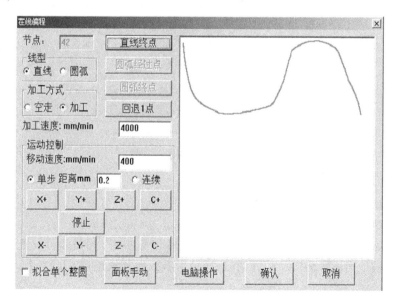

图 12.4-12 在线编程界面

（4）矩形零件和圆形零件焊接

为了提高矩形零件的焊接质量，要求矩形的 4 个角用小圆弧过渡。焊接完后，再多焊一段与起始段重叠，要求重叠长度可设置，并且要求每段转弯都没有加减速，重叠段也没有加减速，从而保证焊斑均匀。软件在"图形与转换"菜单下增加了矩形焊接功能。

矩形焊接参数设置如图 12.4-13 所示。

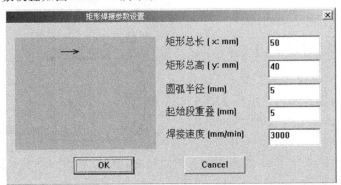

图 12.4-13　矩形焊接参数设置

为了提高圆形零件的焊接质量，要求焊接完整圆后，再多焊一段圆弧与起始段重叠，要求重叠长度（或角度）可设置，并且要求从整圆到重叠段之间没有加减速，从而保证焊斑均匀。

圆焊接参数设置如图 12.4-14 所示。

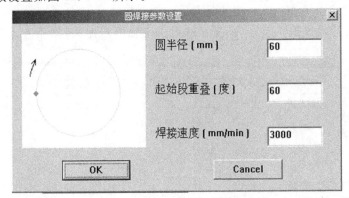

图 12.4-14　圆焊接参数设置

（5）相贯线功能

相贯线焊接：绕小圆柱旋转。

相贯线切割：绕大圆柱旋转。

相贯线功能：在"图形与转换"菜单下增加了"相贯线功能"，相贯线可设置为由"X,C"或"X,Y"联动完成。当设置为"X,Y"联动完成时，可看到展开轨迹，如图 12.4-15 所示。

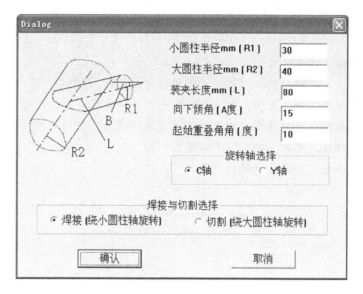

图 12.4-15　相贯线功能

（6）圆柱切割

X 轴，C 轴联动，与中心线成某一夹角切断圆柱，输入圆柱半径及截面与中心线夹角的数值，自动生成 X，C 轴联动数控加工程序，如图 12.4-16 所示。

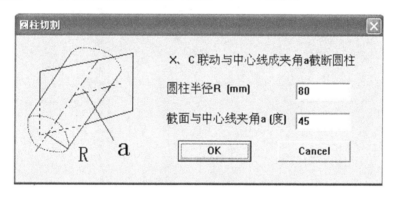

图 12.4-16　圆柱切割

五、注意事项

（1）不得在密封罩打开的情况下使用本系统。

（2）激光焊接时，不得离工作区域太近，防止激光辐射伤害皮肤。

（3）激光打标过程中，严禁用眼睛直视出射激光或反射激光，以防损害眼睛。

（4）机器周围禁止堆放杂物，尤其是易燃品。

思 考 题

1. 激光产生的机理是什么?
2. 激光焊接技术有哪些特点? 与传统的焊接方法相比,有何异同?
3. 典型的激光焊接设备有哪几部分组成? 它们分别实现怎样的功能?
4. 激光焊接机理按照功率密度的大小可以分为哪两类? 它们的焊接原理分别是什么?
5. 影响激光焊接工艺的主要参数有哪些?
6. 归纳激光焊接技术在各领域的应用。

课程十三　模具设计与制造综合实验

❀ 实验一　热塑性塑料的注射成型 ❀

一、实验目的

（1）通过热塑性塑料注射成型的现场操作，掌握注塑成型的工作原理和工艺过程。

（2）了解塑料注射成型机 HTF250X1 的组成结构和基本操作方法。

（3）了解原料、注射机、模具与制品之间的关系，以及工艺条件与制品质量的关系。

二、实验内容

由实验教师预先安装并调整好模具，去除料筒中的废料等准备工作。

（1）熟悉注射成型机 HTF250X1 操作面板各个界面的内容，熟悉注射成型温度、压力和时间 3 个主要因素的调整方法。

（2）通过手动操作方式，熟悉注射成型的基本操作过程。

（3）利用半自动操作方式，在预先调整好的加工条件下，加工出合格的塑料制品。

（4）依次变化注射速度、注射压力、保压时间、冷却时间、料筒温度等工艺条件，利用设备模号记忆功能，设置其余 5 组制品的加工条件。观察每组制品的外观质量，记录不同工艺下条件制品外观质量的变化情况。

三、实验设备

（1）塑料注射成型机 HTF250X1（螺杆直径为 50 mm，注射压强为 205 MPa，锁模力为 2 500 kN，注射容量为 442 mm^3）。

（2）塑料注射模具一副（制品名称为电动机罩壳）。

（3）ABS 粒子（根据其具体牌号，查表确定其预热和加工温度）。

四、实验步骤

1. 准备工作

（1）阅读注射成型机 HTF250X1 的使用说明，了解设备的工作原理、组成结构、安全要求、操作规程和注意事项。

（2）了解原料的名称规格，成型工艺特点及制品的质量要求。参考有关的塑料制品成型工艺条件，初步拟出实验条件：原料的干燥预热条件，料筒温度、喷嘴温度，螺杆转速、背压及加料量,注射速度、注射压力,保压压力、保压时间,模具温度、冷却时间,制品的后处理条件。

(3) 按实验设备使用说明书和操作规程要求,做好注射机液压系统、加热装置、行程控制装置的检查和维护工作。

(4) 熟悉设备操作面板,用手动操作方式进行开合模、座台进、座台退等基本操作。

2. 加工制品

(1) 当原料加热温度达到实验条件时,用手动操作方式,对空注射,观测从喷嘴流出的料条是否光滑明亮、有无变色、银丝、气泡等。如果原料质量和预塑过程基本正常,才能进入下一步操作。

(2) 用手动操作方式,依次进行脱模退、闭模前进、射出(去废料)、储料(塑化)、座台进、射出、再储料(为下个循环准备原料,同时保压)、开模、脱模进、顶出制品、取制品,完成制品加工的基本操作,熟悉其工艺过程。

(3) 用半自动操作方式,在确定的实验条件下,连续稳定地制取多个制品。

(4) 在操作界面中依次改变注射速度、注射压力、保压时间、冷却时间、料筒温度,利用设备模号记忆功能,设置其余 5 组制品的加工条件。同样利用半自动操作加工出 5 个制品,观察每组制品的外观质量,记录不同工艺条件制品外观质量的变化情况。

(5) 分析实验制品产生质量缺陷的名称和原因。

(6) 实验结束后,按设备规定顺序正确关机,清理和打扫现场。

五、实验报告

(1) 简述塑料注射的工作原理和主要工艺过程。

(2) 写出加工出本实验要求的合格制品的成型工艺条件和相应参数。

(3) 分析实验制品产生质量缺陷的原因,并提出改善的方法。

六、注意事项

(1) 安装模具的螺栓、压板、垫铁应牢固。

(2) 料斗中原料一定要在规定温度下预热,否则不准进行注射操作。

(3) 禁止料筒中没有储料的情况下进行射出操作。

(4) 禁止料筒温度在未达到规定要求时进行预塑或注射操作。

(5) 主机运转时,严禁手臂及工具等硬质物品进入料斗内。

(6) 喷嘴堵塞时,禁用增压的方法清除堵塞物,应由专职人员进行处理。

(7) 不得用硬质金属工具接触和打击模具型腔。

(8) 实验过程中严禁任意调整和改变液压系统控制阀和电气开关。

(9) 关机前,在注射模具的模腔内加注防锈油。

课程十四　机电产品数字化设计制造

一、课程设计任务书

1．课程的主要任务及目标

近年来，数字化和智能化设计制造重点研究数字化设计制造集成技术，建立若干行业的产品数字化和智能化设计制造平台。数字化、智能化与创新设计方法及技术、计算机辅助工程分析与工艺设计技术形成了产品数字化设计制造的基础，为新产品的快速开发提供了必要的条件。

因此，本课程在探求"人—机（产品）—环境"相互协调的基础上，有针对性地完成典型机电产品进行参数化三维造型设计、优化等整个设计过程，再结合制造工艺，选择合适的加工方法进行零件（样件）加工，最后装配调试，再修改完善，从而实践典型机电产品数字化设计制造的整个产品开发过程。着重培养学生的实际动手能力及综合运用所学知识分析和解决一般技术问题的能力，为后续专业课程学习、实验环节和将来从事专业生产技术工作奠定必要的基础。

2．课程设计基本要求

（1）通过选题，对产品信息、工艺信息和制造资源信息进行分析、规划与重组，利用Pro/E 或 UG 或 CATIA 等三维软件进行典型机电产品的参数化三维模型设计、功能和优化。

（2）利用先进制造技术——3D 打印完成产品零部件原型制造。

（3）完成机电产品零部件装配与调试，实现产品的基本功能，并在此基础上体现创新性。

（4）课程设计必须提交作品模型和课程报告。要求以个人为单位，围绕选题，完成不少于 1 500 字的报告。

3．课程设计考核

课程设计考核由 4 部分构成：平时＋产品设计＋产品制造与调试＋报告。

平时考核主要是按时听课和产品设计制造所必需的时间。产品设计考核主要是设计产品是否满足任务要求，设计意图和产品设计的创新性。产品制造考核主要是动手操作与解决问题的能力。报告考核主要是锻炼学生书写报告的能力。

4．课程设计选题

本课程设计的选题包括以下几个：

（1）台灯的数字化设计制造。

（2）电风扇的数字化设计制造。

（3）电吹风机数字化设计制造。

（4）鼠标的数字化设计制造。

（5）汽车/飞机/船舶数字化设计制造。

（6）XXXX的数字化设计制造（备选）。

5．进度安排

本课程设计的进度安排见表14.1-1。

表 14.1-1　进度安排

序号	项目各阶段内容	学时
1	确定具体选题(含专题)	3
2	分组设计(含设计检查)	4＋课外开放
3	制造准备与制造	4＋课外开放
4	装配与调试	2＋课外开放
5	完成项目报告	2＋课外

二、设计知识

1．产品设计

产品设计是制造业的灵魂。近年来，信息技术的迅猛发展使得传统的设计方法逐渐为现代设计方法所取代。数字化设计技术涵盖了现代设计的最新技术，同时又是现代设计的前提。

产品设计过程包括产品的概念设计、功能设计、结构设计和几何设计等。

（1）概念设计

在产品概念设计阶段，主要从功能需求分析出发，结合市场调查，初步提出产品的设计方案，此时并不涉及产品的精确形状和几何参数设计。概念设计模型包括产品的方案构图、创新设计等。

在这一阶段，概念设计主要依赖于设计者的设计知识、经验，突出创新性思维。方案设计的结果主要以技术报告、方案图、草图等形式给出。

（2）零件几何模型

几何模型是产品详细设计的核心，是将概念设计进行细化的关键内容，是所有后续工作的基础，也是最适合计算机表示的产品模型。产品几何模型确定了零部件的基本形状、材料、精确尺寸和加工方法。

几何模型可以用二维或者三维表示，其包含了零件的几何信息和非几何信息。

零件几何模型是详细设计阶段产生的信息模型，是其他各阶段设计的信息载体，通常作为主模型。主模型是指以该模型为唯一数据源，其他模型以它为基础，派生出其他各种模型。

（3）产品仿真模型

产品功能与性能仿真一般不能直接在详细设计阶段产生的零部件几何模型上进行，必须进行一定的转换或者处理，建立符合仿真分析的模型。

几何模型是分析模型的数据源,分析的结果反过来还会影响几何模型的修改。

(4) 产品装配模型

在装配模型中需要表示产品的结构关系、装配的物料清单、装配的约束关系、面向实际装配的顺序和路径规划等。

装配结构模型反映产品的总体结构,初始设计可以不涉及具体的几何信息,而仅仅表示产品的功能结构、层次结构及设计的关键参数。

2. 设计软件

目前,针对产品开发的设计软件很多,根据使用目的的不同,可以分为 2 种类型。

(1) 平面设计软件

平面设计软件有 CorelDRAW,Photoshop,Illustrator 等。

(2) 三维设计软件

三维设计软件有 Rhinoceros,3ds max,Maya,Cinema 4D,Alias,Pro/E,UG,Solid-Works,Catia 等。其中对于机械相关专业的结构和几何设计的常用软件主要是 Pro/E,UG,SolidWorks,Catia 等。

三、样品制作

1. 数据格式

通常经过设计环节得到了产品零部件的零件图,要将产品制造出来,需要根据制造工艺的特点对设计零件图进行数据转换,形成适合相应制造工艺的数据文件。该课程项目采用先进的快速原型制造工艺,快速、方便地完成作品的制造。

快速原型制造需要将设计的零件图的文件格式转换为 STL 文件格式,对于不同软件,其数据转换方法有所不同,以下是常用软件的 STL 文件格式转换过程。

(1) AutoCAD

输出模型必须为三维实体,且 X,Y,Z 坐标都为正值。在命令行输入命令"Faceters"—设定 Facetres 为 1~10 之间的一个值(1 为低精度,10 为高精度)—然后在命令行输入命令"Stlout"—选择实体—选择"Y",输出二进制文件—选择文件名。

(2) I-DEAS

File(文件)—Export(输出)—Rapid Prototype File(快速成型文件)—选择输出的模型—Select Prototype Device(选择原型设备)>SLA500.dat—设定 Absolute Facet Deviation(面片精度)为 0.000 395—选择 Binary(二进制)。

(3) Inventor

Save Copy As(另存复件为)—选择 STL 类型—选择 Options(选项),设定为"High"(高)。

(4) Mechanical Desktop

使用 Amstlout 命令输出 STL 文件。

下面的命令行选项影响 STL 文件的质量,应设定为适当的值,以输出需要的文件。

① Angular Tolerance(角度差)——设定相邻面片间的最大角度差值,默认 15°,减小可以提高 STL 文件的精度。

② Aspect Ratio(形状比例)——该参数控制三角面片的高/宽比。1 标志三角面片的高度不超过宽度;默认值为 0,忽略。

③ Surface Tolerance(表面精度)——控制三角面片的边与实际模型的最大误差。设定为 0.000 0,将忽略该参数。

④ Vertex Spacing(顶点间距)——控制三角面片边的长度。默认值为 0.0000,忽略。

(5) Pro/E

① File(文件)—Export(输出)—Model(模型)。

② 或者选择 File(文件)—Save a Copy(另存一个复件)—选择.STL。

③ 设定弦高为 0。然后该值会被系统自动设定为可接受的最小值。

④ 设定 Angle Control(角度控制)为 1。

(6) Pro/E Wildfire

① File(文件)—Save a Copy(另存一个复件)—Model(模型)—选择文件类型为 STL(* . stl)。

② 设定弦高为 0。该值会被系统自动设定为可接受的最小值。

③ 设定 Angle Control(角度控制)为 1。

(7) Rhino

File(文件)—Save As(另存为. stl)。

(8) SolidDesigner(Version 8. x)

File(文件)—Save(保存)—选择文件类型为 STL。

(9) SolidDesigner(not sure of version)

File(文件)—External(外部)—Save STL(保存 STL)—选择 Binary(二进制)模式—选择零件—输入 0.001 mm 作为 Max Deviation Distance(最大误差)。

(10) SolidEdge

① File(文件)—Save As(另存为)—选择文件类型为 STL。

② Options(选项) 设定 Conversion Tolerance(转换误差)。

0.025 4 mm 设定 Surface Plane Angle(平面角度)为 45.00。

(11) Unigraphics

Unigraphics 的输出方法与 Pro/E 类似,其控制精度的参数为"Triangle tol"(三角形公差)和"Adjacency Tol"(邻接公差),一般也以选择 0.001~0.002 英寸或 0.025~0.05 mm 为宜。

打开一个文件—选择要输出的实体,点击 File 菜单,从 Export 项中点选 Rapid—Rrototyping—在 Output Type 项中选择 Binary—点击"Triangle tol",按输入 0.05,按【Enter】键—点击"Adjacency Tol",输入 0.05,按【Enter】键—点击"OK"按钮—选择要输出的实体—键入文件名—点击"OK"按钮。此时就生成了 STL 文件。

2. 实验设备

该课程设计中采用的实验设备为北京太尔时代有限公司开发的 UP! 桌面型 3D 打印机。

3. 设备操作注意事项

(1) 安全

① 为避免燃烧或模型变形,当打印机正在打印或打印刚完成时,禁止用手触摸模型、喷嘴、打印平台或机身其他部分。

② 在移除辅助支撑材料时注意保护眼睛。

③ 由于随机提供的手套棕色部分会在 200℃ 左右熔化,因此请不要戴着手套触摸喷头。

在打印过程中会产生轻微的气味,建议在通风良好的环境下使用。此外,在打印时,请尽量使打印机远离气流,因为气流可能会对打印质量造成一定影响。

注意:ABS 打印材料在燃烧时会释放有少量毒烟雾。

表 14.1-2 列出的是设备的标识及释义。

表 14.1-2 设备的标识及释义

	注意:表示潜在的危险情况,如不避免,可能导致轻微或中等伤害
	警告:表示潜在的危险情况,如不避免,可能导致严重伤害
	手套:在执行某些维护操作时,机器温度很高,需要佩戴手套以免烫伤
	防护眼镜:佩戴防护眼镜,以免对视力造成伤害

(2) 保护措施

① 勿使打印机接触到水源,否则可能会造成机器的损坏。

② 在加载模型时,勿关闭电源或者拔出 USB 线,否则会导致模型数据丢失。

③ 在进行打印机调试时,喷头会挤出打印材料,因此应使喷嘴与打印平台之间至少保持 50 mm 的距离,否则可能会导致喷嘴阻塞。

④ 三维打印机的正常工作室温应介于 15～30 ℃,湿度在 20%～50% 之间,如超过此范围,可能会影响成型质量。

4. 样品制造与调试

在 3D 打印原型件前应先阅读设备操作规范,然后按步骤进行原型件制作。零部件制造完成后进行装配和调试,应满足设计时的产品概念功能和设计意图。

附　　录

 UP！打印机简介

一、基本原理

快速成型技术的本质是用材料堆积原理制造三维实体零件,将复杂的三维实体模型"切"(Spice)成设定厚度的一系列片层,从而变为简单的二维图形,层层叠加而成,其原型制作流程如图 1 所示。

图 1　原型制作流程

二、设备介绍

1. UP！2 打印机基本组成

UP！2 打印机的基本组成如图 2 所示。

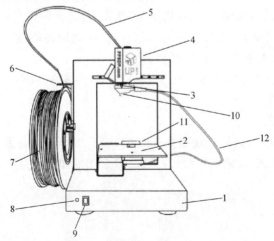

1—基座;2—打印平台;3—喷嘴;4—喷头;5—丝管;6—材料挂轴;

7—丝材;8—信号灯;9—初始化按钮;10—水平校准器;11—自动对高块;12—3.5 mm 双头线

图 2　UP！三维打印机正面图

2. 技术参数

(1)打印机的打印参数(见表 1)

表 1　打印机的打印参数

打印材料	ABS 或 PLA
材料颜色	白色、黑色、红色、黄色、蓝色、绿色等
层厚/mm	0.15～0.40
打印速度/(cm³/h)	10～100
成型尺寸/mm	140×140×135
打印机重量/kg	5
打印机尺寸/cm	245×260×350

(2)打印机的规格(见表 2)

表 2　打印机的规格

电源要求	10～240 VAC,50～60 Hz,200 W
模型支撑	自动生成支撑
输入格式	STL
操作系统	Windows XP/Vista/7/8;Mac

(3)环境要求(见表 3)

表 3　环境要求

室温/℃	15～30
相对湿度/%	20～50

三、FDM 制作方法及步骤

FDM 制作的方法及步骤如图 3 所示。

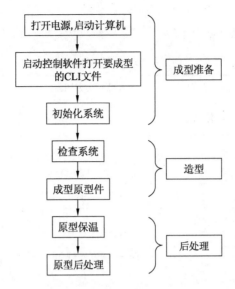

图 3　FDM 制作的方法及步骤

四、注意事项

（1）务必征得老师同意才能操作设备。

（2）操作前必须认真学习设备操作步骤和使用说明。

（3）注意使用安全。